麦肯锡思维

入社3年塾

[日]赤羽雄二 著

金磊 译

THE MCKINSEY THINKING

中国友谊出版公司

图书在版编目（CIP）数据

麦肯锡思维 /（日）赤羽雄二著；金磊译. —北京：中国友谊出版公司，2020.9
ISBN 978-7-5057-4959-7

Ⅰ. ①麦… Ⅱ. ①赤… ②金… Ⅲ. ①成功心理—通俗读物 Ⅳ. ①B848.4-49

中国版本图书馆CIP数据核字（2020）第128714号

书名　麦肯锡思维
作者　［日］赤羽雄二
译者　金　磊
出版　中国友谊出版公司
发行　中国友谊出版公司
经销　新华书店
印刷　嘉业印刷（天津）有限公司
规格　700×980毫米　16开
　　　13.5印张　159千字
版次　2020年10月第1版
印次　2020年10月第1次印刷
书号　ISBN 978-7-5057-4959-7
定价　45.00元
地址　北京市朝阳区西坝河南里17号楼
邮编　100028
电话　（010）64678009

如发现图书质量问题，可联系调换。质量投诉电话：010-82069336

在宝贵的"头3年"里应该做的事情

前言

本书的读者对象主要定位为“入职不满3年的新员工”，笔者希望大家看完后都能掌握可以受用一生的能力。虽然本书中所阐述的都是职场上特别重要的内容，但对于非职场人士来说，也是可以拿来借鉴，可以活用的一本书。

对于我来说，“入职头3年”就是从一个毛头小子进入小松公司[①]，慢慢摸索并开始弄懂重型卡车的设计与开发的整个流程。只要一接到上司的指示，我就会不折不扣地去执行。

那时候，我只知道要竭尽全力地去工作，不能拖他人的后腿，完全没有空闲时间去思考“如何让自己成长？”这样的问题，虽然也会看一些书，但大多是浅尝辄止——我工作的“头3年”就是在这种状态中度过的。

也曾有人问：“你的付出是否对得起拿到的工资？”说老实话，我内心是有些不安的。

在那之后，我又去国外留学并入职了麦肯锡公司，在任职14年的时间里，我协助过许多的企业对经营活动进行改革。幸运的是，在这个过程中，让我对“何谓个人的成长？”“如何才能收获成长？”“如何提高自己的认知意识？”等问题有了更多的切身体会。

① 小松公司成立于1921年，至今已有90多年的历史。其一直从事以工程机械为主的产品创新、开发、制造及销售活动，多年以来一直是世界上第二大工程机械生产商。——译者注

我的客户不仅有日本的企业，还包括韩国企业、印度企业等。

此外，通过演讲、研讨会等活动，我接触到了年龄跨度从20多岁的大学生到60多岁的群体，并为很多人提供过建议。

走上社会的“头3年”，对于每个人来说都是非常重要的。因为在此期间，你学到了什么，你是如何思考和挑战问题的，你是否抱有自我认同感和自信心，以及你能否积极地面对未来等，都会对今后的人生带来决定性的影响。

我希望通过本书向大家详细阐述能提高自我认同感和自信心的“10个要点”，以及如何成长为“做出成就的人才”的诀窍。若您在实践的过程中碰壁的话，也请务必将您所遇问题的背景和具体状况写成电邮发给我（akaba@b-t-partners.com），我会尽我所能在第一时间给予回复。

目录

1 掌握受用一生的思考能力

2 掌握受用一生的超高工作效率和超快速改善能力

3 掌握受用一生的沟通能力

4 掌握受用一生的人际交往能力

5 掌握受用一生的“信息搜集能力”

8 掌握受用一生的时间掌控能力

9 掌握让一生更加充实的激励管理能力

10 掌握能支撑起整个人生的自信

掌握受用一生的思考能力

1

"当机立断并立即执行"的人，其思维方法是怎样的呢？

每个人都聪明

我一直认为“每个人都聪明”，这与学历的高低并没有特定的关系，也与人的年龄大小毫无关系。对事物进行认真思考，然后采取行动——这是任何人都能做到的事情。

然而，由于受到来自父母亲、老师、上司等的严厉且冷酷的对待，导致相当多的人做事时变得畏畏缩缩。在这种状态下，也就无法正常发挥出自己的聪明才智。

虽然头脑很聪明，却总想：“我这样想问题或者这样发言的话，肯定会被他人取笑吧？”（倒从未想过：听到这些内容，他人能笑得出来吗？）“根本没有人能理解我。”“谁都不会明白我的心情和想法……”于是，整个人的内心痛苦不堪，头脑中也嗡嗡作响。

其实，无论我们处于什么样的状态，只要能消除“病因”，就能发挥出原本的实力。我们要做的仅仅是对“你这家伙太笨了！”“他就是个蠢货！”“用用你的脑子吧！”等这样的咒骂、恶语中伤、侮辱以及嘲笑的行为，及时地“踩刹车”就好了。

我们只要理解了这一点，就能马上获得精神上的解放，从而正常发挥出自己的聪明才智。因为，**家长、老师、上司不好的态度所带给我们的都只是“精神上的束缚”**。

我相信，随着对本书阅读的不断深入，你很快就会同意我所说的这一点。

在麦肯锡学到的东西

我大学从机械工学专业毕业后，就入职小松公司，成为一名普普通通的工程师。那时候，我也从未梦想过将来要成为管理者或者去海外工作。

后来，由于公司的“职员留学制度”，我有幸获得了去斯坦福大学留学的机会，并在那之后跳槽到了麦肯锡公司。

其结果就是，我的工作、思维、价值观以及生活的方方面面都发生了巨变，那是我作为一名新员工完全无法想象的变化。

进入麦肯锡公司后，虽然我学到了很多知识，但仔细想来大致可以分为以下3点：

第一，麦肯锡是世界公认的最强的商业咨询公司，全世界的优秀企业几乎都是麦肯锡的客户。但是，在麦肯锡公司工作的员工并不都是特别聪明或者像超人一样的人。

虽然在外人看来，他们所做出的业绩都非常了不起，但其实每个人都是普通人。当然，也许的确有个别天才式的人物。

我入职麦肯锡公司后，先是在日本分部工作了3年半，然后又被派遣到韩国首尔，在创建麦肯锡首尔分部后的10年里，为韩国的大财阀提供经营改革的咨询服务。

那时候，由于公司内还没有来自韩国的商业顾问，所以我向全世界的麦肯锡商业顾问发出邀请，召集了100多名顾问前来实施具体的项目，其中有美国人、英国人、加拿大人、法国人、德国人、荷兰人、西班牙人、墨西哥人，还有澳大利亚人。

他们个个看起来平凡无奇，也不像是头脑特别聪明的样子。

比如，他们并不像物理学家、数学家、象棋或围棋的棋手那样显得特别聪明，但他们凭借着自己独特的工作方式，都取得了耀眼的业绩——这可以说是我在麦肯锡公司学到的第一件重要的东西。

第二，这些商业顾问实际上都是从超过几千人、几万人中被选拔出来的，他们都付出过巨大的努力，自己也收获了成长。在进入麦肯锡公司工作之后依旧保持着高速成长的状态。

在适当的环境中，只要坚持不懈地努力，任何人都能收获很大程度的成长——这也是我的另一大发现，并且一直扎根在我的信念之中。

第三，这些优秀的顾问之间，实际上都会互帮互助，从没出现过互相拖后腿、背地里互相使坏的情况。

为什么这样说呢？因为大家都是专业人士，对自己所从事的工作有荣誉感，项目是否顺利完全取决于自己的工作能力和努力的程度，与他人其实并没有什么关系。所以，也就没有互相拆台、使坏的必要，一些出于“办公室政治”的小动作也几乎从未有过。

这些都让我对个人的成长、活跃有了更深刻的理解，同时“信赖”和“可能性”对我产生了很深的影响，这就是我在麦肯锡公司所学到的经验。

不要被逻辑思维困扰

“你所说的内容令人难以理解！”“最好再多一些逻辑性的说明。”“不能再说得通俗易懂一些吗？”——我想很多人在工作中被人这么批评过。

当被他人这样说过以后，就会感觉自己整个人都不好了，逐渐变得越来越不会阐明自己的观点。

用上面这种方式给人提意见的人，我认为他们的内心是阴暗的。也许，对方所进行的说明确实是难懂的，但是被他们这样批评一番以后，人也就慢慢变得畏首畏尾起来，结果就真的不知道该如何做好说明的工作了。我想，批评者应该是充分了解这一点的吧。（像“难懂”这样的批评、指责往往是话里有话。）

在工作中，批评者以男性居多。他们往往都表现得特别自负，总想将自己的意识强加于人。作为上司、丈夫、男朋友，却总是在心理上看低对方，一味地强调自己的立场，所以才会使用上面这样的表达方式。

实际上，他们并不是真正有自信，才会摆出这种具有攻击性的态度。遗憾的是，听话的一方并没有闲心去揣测对方的心态。因此，只能沦落为“防守方”。

这种表达方式如果放在商业顾问、MBA（工商管理硕士）或者有留学经验者身上，就会表现为：“你不懂运用逻辑思维吗？”“这样的话有些令人费解。”“再多一些逻辑性的表述吧。”

英语中的“逻辑”一词仅仅是指“合情合理”的意思，属于并不带有任何中伤意味的中性词。但是，在日语的会话情景中，如果用上述这种方式去表达，相当于告诉对方“你真是个笨蛋”“说话毫无条理”“用那种说话方式与我交谈，不觉得非常失礼吗”，其中带有了满满的负面情绪。

为什么一定要对他人恶语相向呢？难道不这样说话就不舒服吗？这令我感到非常不可思议。

想象一下，一个对自己没有自信、终日不安的人，必须靠攻击别人才能获得内心的安定，这样的人真是太可怜了，而被批评的一方则更会感到困惑。

在这种情况下，除了令人深感困惑以外，有这样的上司、家人或者恋人存在，也确实会使被批评的一方内心受到伤害，即所谓的“精神暴力”。（也有人把这称作“心术不正”。）

我在与人对话时，从来不会说“这不符合逻辑”“希望再多一些逻辑性的说明”这样的话。

我的字典里没有这两种表达方式，而且我并不认为有必要通过这种方式让对方失去自信，从而彰显出自己的优势地位。

更加自然一点、坦诚一点，只要想着“原来如此”就已经足够了。这是任何人都能脱口而出的一句话吧？尤其是那些喜欢用“逻辑”“条理”这种词的人，要多加注意了。

倘若各位读者都曾下意识地使用过这两个词，今后就请不要再用了哦。因为完全没有这个必要，只会使你交谈的对象变得更加畏首畏尾。这种做法可谓“有百害而无一益”。

当然，也有例外的情况：数学上的证明就必须遵循“逻辑性”。用通俗易懂的话来说，就是要“合情合理”，但是在日常的对话中就不必了。

用A4纸进行“零秒思考”

心生烦恼时，工作或私人生活中遇到麻烦时，我想大多数人都会感到内心一片混乱吧。当你陷入这种毫无头绪的状态时，头脑自然也就无法正常运转了。

既无法通过思考厘清问题，然后采取行动，也不能明晰地把握住问题的关键点，这让你的整个应对过程显得非常笨拙和生硬。

我觉得这样的状态实在是太令人感到可惜了。因此，我一直在尽自己所能去研究：如何避免陷入毫无头绪的混乱状态？如何才能毫无顾虑地去行动？

最终在2013年的年底，我出版了《零秒思考》一书，其销量（包括后续系列书籍）一度突破了25万册——看来这个世界上有着相似烦恼的人非常多啊。

在《零秒思考》这本书中，我详细阐述了如何将自己的烦恼和混乱思绪全部写到一张A4纸上，以此来重新找回自己原本的聪明才智。很多读者尝试了这个“A4笔记法”，并且很快就体会到了其带来的实际效果。

下面我来简单介绍一下该方法：

将一张A4纸横放，在左上角位置写上思考的主题，右上角位置标注上日期，将正文分列成4—6行写具体的内容，每行内容控制在20—30字左右。

—A4笔记法示例①—

自己真正想做的是什么？

2017-04-01

- 原本想做的是商品企划
- 可是和现在的工作内容完全不搭界
- 尝试回到初心去思考
- 明天午休的时候找同期进公司的同事聊一聊

到这里，似乎和一般的笔记方法没有什么两样，但这个方法最重要的就是，大家要坚持这样做，用一分钟的时间写好一页纸，然后每天写10—20页，将自己头脑中所想的东西都写出来。

通过这种方法，将头脑中感觉毫无头绪的事情、负面的想法（为何会变成这样？）和情绪，全都写到面前的白纸上。

通过用眼睛看的形式，我们能清楚地认识到〝这到底是怎么一回事〞，从此不再思维愚钝，而是将其作为一个课题去理解。

一旦我们弄清楚了课题是什么，我们的内心就会不自觉地开始思考解决它的方法。人类就是这样面向着未来不断进化的。

当我们换个视角重新审视“A4笔记法”时就会明白：这其实就是**将我们大脑中所想的内容统统摆到了眼前。**也可以说是将毫无头绪、一片混乱的情绪文字化了。

并非只是将这些问题都放在大脑中去玩味或苦苦思索，而是在冒出想法的一瞬间，就将其写到面前的白纸上，这样能让自己对其产生明确的认识，并获得激励人勇往直前的勇气。

—A4笔记法示例②—

> 感觉自己不再被上司器重　　2017-04-01
>
> · 不明白自己为什么会有这样的感觉
> · 是因为这段时间所提交的报告不理想吗？
> · 最开始的时候还是比较器重我的
> · 上司在考虑些什么呢？试着再多做些笔记
> · 其实不管是不是真的，自己都应该看开些

反复运用这一方法，在感到内心混乱时就整理自己的思绪，直至眼前浮现出“具体该如何去做”的答案。

而这一方法的最终形态，就是能在一瞬间——零秒的时间里——对问题进行思考。因此，我才将其命名为“零秒思考”。

此外，在现实生活中，相较于“毫无头绪”的状态，“不明白到底是怎么一回事”显得更为多见。（清除“不明白到底是怎么一回事”的

状态。）

当我们遇到某个疑问点时，就应该立刻去思考“这是什么”，一般来说，我们最好都养成这样的习惯，然而大多数人的选择却是将其搁置一边。

如此一来，大脑原本的能力就得不到发挥，逐渐就变成了“不明白到底是怎么一回事”的状态，不再拥有思考的能力。整个大脑的思维都变得“模糊不清”起来。

在这种情况下，我们可以将“为何上司没有把这次制作文件的任务交给我去做？”“为何对方没有立刻回复我的电子邮件？”这样的主题写到A4纸上，问题就能很快得到改善。

再多说一句，这种利用A4纸进行的“零秒思考”，也可以说是一种“主动式的冥想”。

“冥想”是现在备受关注的一个话题。欧美国家都在小学、大型企业、创业公司中广泛推广“Mindfulness”（冥想）。因为，这样能让人内心变得平静并增强注意力。

不过，要想真正集中注意力，做到心无杂念的冥想，也并非一件易事。

—A4笔记法的作用与优势—

· 将头脑中浮现的内容全部写下来，这样能帮助我们整理思绪。

· 消除头脑中的混乱状态，保持头脑清醒。

· 清楚地知道自己在烦恼些什么。

· 其结果，就是能大大地减少烦恼。

· 做笔记也属于是外部存储的一种形式，能让大脑的运转变得更好。

· 将“隐性知识”转变成“外显知识”。[①]

· 能够对访谈记录、会议记录等材料进行统一的管理。

用1分钟的时间在一页纸上写4—6行内容，每行20—30个字。实际上，我们运用“零秒思考”在A4纸上做笔记时，也会遇到另一种状态：当我们把头脑中所思所想的内容全部写出来时，会发现“咦？我思考的竟然是这样一件事……”（不要将头脑中混乱的思绪搁置在一边。）

其实，并非真的“什么也不想”的状态，而是“不停地写，把心中所想之事全都写出来”这样的一种过程，才更加接近“冥想”的状态。

① 由英国物理化学家和思想家波兰尼（Polanyi）于1958年在《人的研究》一书中首次提出的概念。“隐性知识”是指那些无法言传或不清楚的一类知识，而“外显知识”则是指那些通常意义上可以运用言语、文字或符号的方式加以表达的知识。——译者注

掌握整体情况

当我们消除了头脑中的混乱，重新整理好思绪以后，接下来最重要的一件事，就是掌握整体情况了。

所谓“整体情况”，就是指**并非了解问题的局部状况，而是从全局的角度对其加以掌握，也叫“全局观”。**

例如，我们以“希望大幅削减公司内部制作文件的数量”为课题，可能首先就会想到“要减少所做文件的页数”，每次会议都事先决定好所用文件的页数，严格限制用纸过度的情况。

但是，如果我们站在全局的角度，就应该以更广的视角思考这个问题：

1.公司内部产生决议的机制是否存在问题？

2.所有的会议都是有必要召开的吗？

3.在这些会议上应该决定什么？

4.为此，能否只提供少量的讨论资料？

5.这些资料应该由谁、以什么样的方式制作而成呢？

我们必须先掌握这些内容，才能以此为参照去讨论：如何削减文件的页数？如何才能防止文件页数有所增加的情况？

如果不能掌握整体情况，我们就会纠结于细枝末节，从而弄错真正的问题点，最后给出错误的解决方法。

很多时候，我们都陷入了“那根本不是问题所在，原来真正的问题在这里”的窘境，导致问题迟迟得不到解决。

所以说，掌握整体情况是非常重要的。但令人意外的是，在这方面却并没有什么可以教给大家的技巧。我们只有通过不断地积累经验，才能逐渐提升自己在这方面的能力。

上司最好耐心地教导自己的部下。但一般来说，倘若上司自己都没有“全局观”，也就不可能拥有指导部下以最快速度获得成长的能力和想法，所以这一点也许就会被忽视。（上司也不会将所有的情况都弄清楚了之后再发号施令。）

这里介绍两个掌握整体情况的方法：

其一，熟练运用〝框架思维〞；

其二，马上运用〝候选项法〞进行思考。

〝框架思维〞，就是指用框架的形式梳理事物的内容。最简单轻松的一种形式，就是“2×2矩阵”。

在具体进行梳理时可以有多种方法，例如，若要为工作排出优先顺序，就以纵轴为“紧急程度”，以横轴为“重要程度”划分成4大类，这样我们就能掌握整体情况了。

—框架思维的具体示例—

工作的优先顺序			
紧急程度	很紧急	・准备同事本周六结婚典礼上要用的纪念册 ・别人委托我填写的问卷调查	・撰写明天就要截止的出差报告 ・发送召集后天开会的电子邮件 ・与上司进行谈话
	不太紧急	・联欢会的收支报告 ・策划下一次的同事聚会	・撰写下周就要截止的企划书 ・撰写留学的申请书
		不太重要	很重要
		重要程度	

“候选项法”，就是指列举出多个可采用的措施，通过比较给出评价的一种方法。

先列举出3—4个主要的候选项，然后再列出4—5个可供互相比较的评价基准，用◎○△×等符号进行评分。

以“智能手机App的研发方式”为例，可以想到的候选项有“由公司自主研发”“寻找具备研发能力的创业公司合作”“从外部派遣研发人员”“继续同之前的研发公司合作”等。关键就是要将可采用的措施毫无遗漏地列出来。

—“候选项法”的具体示例—

◎：非常大，计4分

○：比较大，计2分

△：不太大，计1分

×：完全没可能，计0分

<table>
<tr><th colspan="2"></th><th>开发的可靠性</th><th>开发的速度</th><th>费用的降低程度</th><th>成本规模</th><th>综合评价</th></tr>
<tr><td rowspan="3">下个版本的智能手机App，用何种方式进行研发？</td><td>候选项 1：
交由公司自己的开发部门去做，由他们提供开发资源</td><td>◎</td><td>△</td><td>○</td><td>◎</td><td>◎ 11 分</td></tr>
<tr><td>候选项 2：
从外部寻找能够常驻的研发工程师</td><td>△</td><td>×</td><td>◎</td><td>×</td><td>×5 分</td></tr>
<tr><td>候选项 3：
继续同之前的研发公司合作</td><td>○</td><td>◎</td><td>△</td><td>○</td><td>○ 9 分</td></tr>
</table>

将以上措施分别从“开发的可靠性”“开发的速度”“费用的降低程度”“成本规模”四个方面依次进行评价，最终得出一个综合评价。

根据不同的情况，尽早采用“框架思维”和“候选项法”，就能避免出现“糟糕！到底该怎么办呀？”“啊！我已经不知道该如何是好了！”这样的状况，我们可以冷静思考整体情况，从此不再犹豫踌躇，果断采取必要的行动。

性格以及具体岗位等都不是问题，有没有全局观才是决定一个人能否做出行动的主要因素。

从其他的视角来看的话，拥有一个正确的全局观就意味着能够清楚地认识自己所做的工作，或者所遇问题的全部来龙去脉，因此才会明白哪里是关键点。

“全局观”能让我们清清楚楚地认识到“到底出了什么问题？”“问题有多严重？”“有哪些可供选择的应对措施？”“今后会往什么方向发展变化？”等。

所以说，我们看问题不能局部或太过片面，而是要从空间和时间上掌握整体情况。

当机立断并立即执行

所谓“当机立断并立即执行”，就是说在“做决定”这件事上毫不拖延，当场就做出决定并立即付诸行动。

因此，这就要求我们具备快速的“决断力”和“执行力”，但是许多被认为工作能力很强的人，却并不能做到“当机立断并立即执行”，这让我感到非常遗憾。

实际上，只要付出努力，任何人都能做到“当机立断并立即执行”。

这里有一个比较简单且有效的技巧。

例如，**平时就尽可能地让自己不要陷入“犹豫不决”的状态。**这种状态看似是在采取有意义的行动，实际上并非如此，因为很多人只是将其当成了一种“癖好”而为之。（试想一下你在饭店吃饭时毫不犹豫地点菜。）

你为了准备接下来的企划案，需要走访多家客户公司的时候，只需要按照与客户之间合作关系的远近以及对方公司的特点，大致划分为三个组就可以了。

那些平时经常“犹豫不决”的人，就会一直苦苦思索“到底该走访哪些客户呢？”“如果我去联络对方，对方真的愿意接待我吗？”“我能做好一次有意义的走访活动吗？”工作却一直在原地踏步，毫无进展。

特别是面对一些完全没必要犹豫的事情，他们也不能马上做出决定。其实，只要能改掉这种状态，我们对各种事物的看法也将随之发生变化。这种“犹豫不决”并不是在思考问题，完全就是在浪费时间。（“仔细思索就能得出好方案”是谎言。）

此外，**平时在面对提问时要让自己尽可能地立即给出回答。**把对一切事物的判断都提速，将其化作自己的一种习惯。

一般人都相信“慢工出细活儿”，认为慢慢思考肯定能想出好的方案，但这真的是非常奇怪的一件事。因为，很多人仅仅是大脑思考速度缓慢，在那里慢悠悠地想问题而已。

还有，**平时就要不断地努力争取再快1分钟、1秒钟完成所有的工作。**要让我们的心理和身体都习惯这样的工作效率（其终极的形态就是“当机立断并立即执行”）。

与此同时，还要时常运用“PDCA工作法”（请参考本书第36页的内容），不断积累经验，从而努力“创造”良性循环（请参考本书第175页的内容），这一点也是很重要的。

创造“良性循环”，就是不能只看最终的结果，而是在设定目标的时候，像下棋一样多想两步、三步，思考眼下如何做才是正确的，从而播撒下成功的种子。当所有环节都顺利进行时，工作本身才会真正变成一件快乐的事情。（自己播下种子，然后收获成果，这样的工作才是快乐的。）

最后，**平时就要注意系统化地搜集相关领域的信息，把握该领域的动向，**这样当遇到需要当机立断并立即执行的问题时，就不必再急忙忙地去搜集信息了。而且，经常思考一些备用方案，对于降低决策风险来说，也是很有必要的。

通过这些方法，你就能逐渐掌握“当机立断并立即执行”的能力，可以在瞬间就做出判断，以惊人的速度开展工作。

即便才入职3年，你也是有可能做到这一点的。当你做到时将会让自己的未来变得更加轻松，在不同的场合超越公司里的前辈也就不再是一个梦。

关于“当机立断并立即执行”这个话题，我在《零秒思考·行动篇·训练自己当机立断并立即执行》一书中有详细的阐述，有兴趣的读者可以找来看看。

第1章　要点回顾

- □是人都聪明，前提是不因咒骂、恶语中伤和侮辱而变得畏畏缩缩
- □不要困惑于“逻辑思维”，只要想着“原来如此”就足够了
- □“零秒思考”用A4纸做笔记，消除头脑中的混乱，重新整理思绪
- □掌握整体情况，才不会纠结于细枝末节
- □熟练使用“框架思维”与“候选项法”是关键
- □当机立断并立即执行，犹豫不决就等于是在浪费时间

掌握受用一生的超高工作效率和超快速改善能力

2

“快速工作法”和“PDCA工作法”能带来巨大的成果

以3倍的速度完成任何工作

我认为任何工作都能以3倍的速度完成。（“3倍的速度”是指什么呢？）

当然，客服人员应对顾客的时间、销售与客户交谈的时间、服务行业中接待客户的时间，抑或在现场组装设备的时间等，这些在直接业务上所花的时间则另当别论。

我刚进入麦肯锡公司工作时，还是一个什么也不懂的工程师。

在小松公司工作的6年，再加上通过“职员留学制度”去斯坦福大学留学的两年，就是我走上社会后所度过的8年时间。但是，毕竟隔行如隔山。

由于我之前的生活与商业经营顾问可以说毫不搭边，所以最开始时我非常惊讶于麦肯锡同事们的工作速度与劲头。

无论我怎么做也抓不住问题的关键点，每天离开办公室时都是午夜，每天都过着“就算突然过劳死也不觉得稀奇”的生活。幸运的是，由于我身体还算健康，性格也比较乐观积极，所以并没有感觉生活特别艰辛和痛苦，也没有往更糟糕的方向发展。

让我至今都难忘的是，在做工程师的时候，我都是以1毫米或0.5毫米为单位设计重型卡车的车架与车身的，所以，当我的上司用很抽象的语言跟我说“一个公司的经营到底是该往右还是往左，必须讲清楚才好”时，我竟一时间感到找不到北了。

不过，在经手了几个咨询项目之后，我也逐渐明白了麦肯锡公司所要求的“精确度”与含义，工作时的速度也变得越来越快了。

在不到一年的时间里，我就被任命为项目经理。当时还真不知道这样到底算不算一件好事，只能尽全力拼搏。

与刚进麦肯锡时相比，我的工作速度确实已经提高了3倍以上。

我的另一个切身体验是在离开了效力14年的麦肯锡公司以后。

我从一个经常率领着40多名麦肯锡顾问，同时推进多个项目的状态，一下子变成与3个敢于创新的合伙人共同创业，在没有部下、没有秘书的状态下。

当时，我的工作内容也从面向大型企业的经营改革，转变为帮助创业公司进行共同创业和经营管理方面的技术支持。工作量比之前有增无减，所以每天我都会反思自己的工作方法，不断改进以求提高工作的速度。与此同时，我的沟通方式有了很大的改变。

可即便如此，一天也只有24个小时。由于不想压缩睡眠时间，我就只能不断地改进自己的工作方法。工作量增大，而我又时常需要一个人去应对，所以我感觉自己那时的工作速度确实提高并超过了3倍。

哪些是很重要的工作？哪些又是可以割舍的？（什么才是最重要的？什么又是可以被舍弃的？）这是我从早到晚都在工作中不断思考的问题。

这两次间隔多年的切身体验，让我确信了无论任何工作，都能以3倍的速度完成。

我甘愿做一只小白鼠，各位读者可以参考我上述的内容，也多多尝试。相信大家一定能取得比我更大的成绩。

提速的关键主要有3点：

1.立刻回复电子邮件。

（我一天要查收20次电子邮箱。）

更快回复邮件，就能让所有工作都加速推进。我经常在很短的时间内就与对方你来我往若干封邮件。与以前相比，现在能迅速回复邮件的人变得越来越多了。当然，还是有那种半天或者好几天才回邮件的人，我想这对于工作来说是非常不好的。

我从早上睁眼到晚上睡觉，一天内要查收20次电子邮箱，但我并没有感到什么压力，反而能将工作快速地向前推进。

有的人在周末的两天里从不会查看自己的电子邮箱。但我想说的是，20多岁的年轻人最好不要把工作和生活划分得如此泾渭分明。

与他人合作推进一项工作时，如果因你致使进度拖慢，也会影响到你自身的成长。即使在周末投入8个小时的时间去准备资格证书的考试，也还是能做到一天内查收10次电子邮件的吧？

2.在输入法中添加200个以上的自定义单词。

这样做的目的，不仅仅是在打这些单词的时候更加省事，也能使你输入文字的速度提高数倍以上。因为，你能一下子就敲出一整段话来，打字速度上去了，也就更容易在工作中形成“良性循环”。

我猜读者中有很多人喜欢用“谷歌日语输入法”吧？

不过，经过各种应用场景的对比，我发现对URL网址、日期、电话号码等各种输入的需求，以及常用单词、短语的一键输入等方面，使用“自定义单词”的功能反而会更加简单和快捷。当然，在文字转日文假名的“逆向识别”上也会更加高效。[①]

—自定义单词的示例—

·常用的词汇可以用首字来做自定义关联（日文假名、阿拉伯字母皆可）：

例1：“あ”→赤羽雄二（把自己的名字与单个文字关联，输入时就会自动转换，非常便利）

例2：“か”→××××有限公司（自己公司的名称）

例3：“w”→公司网站的网址URL

例4：“h”→2017-04-01（系统更新时间。用于保存文件、写邮件、保存网址的场合）

例5：“y”→“→”（将常用的箭头符号设为自定义单词）

·除此之外，还可以用头两个字来做自定义关联：

例6：“あり”（日语原句：ありがとうございました）→“谢谢。”（把句号也加进去哦）

① 此处说的是日文输入法的情况，中文读者则可以善用中文输入法的“自定义短语”功能。——译者注

例7：“おは”（日语原句：おはようございます）→“早上好。”

例8：“09”→自己的手机号码

・当仅用头两个字难以区别时，可以用第一个字+第三个字的方式来做自定义关联：

例9：“どぞ”（日语原句：どうぞよろしくお願いいたします）→“请您多多关照。”

例10：“ども”（日语原句：どうもありがとうございました）→“非常感谢。”

3.务必掌握盲打键盘的能力。

这会给你的工作效率带来决定性的变化。无论是写资料还是博客，都要学会盲打，尽管有时不仅花费了时间还写不出来。

我觉得盲打是在25岁之前就一定要掌握的能力。更进一步来说，在学生时代就要学会。这里所说的并非在智能手机上的点按输入，而是在台式电脑键盘上的盲打能力。

关于“3倍的工作速度”这一话题，我在《零秒工作：速度解决一切的麦肯锡工作术》一书中有详细的阐述，有兴趣的读者可以找来看看。

一定要做的“事前准备工作”

要想提高工作的速度，“事前准备工作”可以说是非常重要的。

针对每一项具体的工作，我时常会思考必须做好哪些准备工作，否则就不能真正开始。

最开始时当然也不会想得太过周全，但通过不断反复这一过程，便不会再有遗漏之处了。

这样一来，当我们面对每一项具体的工作时，就能马上在脑海中浮现出有哪些是必须事先做好的。我们可以将这些“事前准备工作”都写到A4纸上，直至自己习惯了这种思维模式。

实际上，这也算是一项非常好的训练。

因为，这可以帮助我们思考并梳理业务的流程，例如：该从何处开始？如何才能完成？在开始之前需要做多长时间的准备工作？

在着手前，先要就花多长的时间、解决何种难度的问题等设定好目标，然后再根据这个目标去思考如何做准备、如何分配时间及安排优先顺序。（就是说要懂得如何“分配时间”。）

不了解这一点的人，往往到快要截止时，才慌慌张张地着手去做，同时又会抱怨“缺这少那”，导致不得不返工。

在做“事先准备工作”时要做到：

1.从工作的最终成果开始反推，思考需要多长时间和哪些必要条件，然后写到一张A4纸上。

2.列出需要哪些必要的信息，然后尽早做准备。

3.开始后也要进行几十次的情景模拟，确认工作的进度是否确实按原定计划实施。（把成为“制订计划的专家”当作自己的成长目标。）

4.只要发现不足或者较弱的部分，就要立刻去应对处理。

能做到这几点，你就是一个“制订计划的专家”了。

要抓住工作的要点

对于很多的工作来说，都存在所谓的“要点”。如果将其忽视了，就无法取得最好的结果。

例如，在制作企划案的时候，要点就是“希望通过这份企划案，让何种对象群体获得何种感受”。

很多新人在制作企划案时，总是会搜集太多无意义的信息，然后一股脑儿地汇总起来，制作出一份超长篇幅的企划案。

当然，这样做出来的东西几乎都是无用的。之后，也肯定会被上司或前辈丢进垃圾桶里。原因就在于，制作这份企划案时，新人从未认真思考过对象是谁？如何才能做出一份有价值的企划案？（要思考“针对的对象是谁？”）

抓住工作的要点——这在最开始时并不是一件易事。

若碰到热心的上司，可能会给予我们一定的指导。但是，在尚未熟悉业务的时候，就算向上司请教，我们也可能听不懂对方所说的内容。结果就是，请教了两三次，自己依然不明不白。

因此，**无论我们在做什么样的工作，都要特别注意时常思考“这个工作的要点是什么？”“做到何种程度才算是大获成功？”同样建议大家把这些内容也都写到A4纸上。**（关于“A4笔记法”，请参考第8页的内容。）

由于只需要写到一页A4纸上，所以不用1分钟的时间就能写好。

可别小看这小小的努力，它着实能带来巨大的变化。基本上，几个月后就能体会到明显的差距，你将能超越公司里的那些前辈哦。

因为，不管做什么工作，你都要先明确自己的目标，然后梳理思路，才能将工作向前推进。

而你的同事或者前辈可能还不明白这一点呢，这就是你的突破点。

关于这项聪明的工作方法，日本企业的上司们却未必会对其有明确的认知。他们总是一味地发号施令，在浪费了很多时间之后，才收到部下的一些反馈。

因为日本企业中的白领阶层，其工作效率在主要的7个发达国家中，已经连续近20年位居后列了。

—A4笔记法示例③—

了解消费者的需求时应该注意

2017-04-01

- 最重要的是贴近对方的心情
- 了解消费者的群体划分，并挑选调查的对象
- 有疑问时就要毫不犹豫地进行探究
- 不要局限于自己想听的内容
- 觉得有道理的内容就马上记下来

不费"二遍工夫"的检查清单

尽快熟悉工作，然后做出好的成绩，在这个过程中不费"二遍工夫"也是非常重要的。

一旦要花费"二遍工夫"，就意味着我们又要投入一定的时间。不仅如此，还会引起很多的负面效应。

首先，上司或前辈会觉得"这个人，真的靠谱吗？"无论这句话有没有真的说出口，对新人来说都会是一种极大的压力。

没有谁能在重压之下还能泰然处之，心都会怦怦跳，导致工作也无法正常开展。（实际上，看似平静的人，其内心也会有压力。）

其次，也会让人失去对自己的自信心。

一个人能否获得成长以及人生是否过得充实，都离不开一个最为重要的词，那就是"自信"。

只要拥有"自信"，即便再不可能的事情，也能最终将其完成。（对于个人的成长来说，最重要的就是"自信"。）

网球也好，拳击也好，卫冕者之所以实力强大，也是因为其有着身为冠军的自信。打棒球的一郎①在遭遇"两好球"②的前提下，仍能完成

---

① 铃木一郎，日本著名棒球选手。——译者注

② 棒球比赛中，对方投手将球投向有效投球区域，而本方打击者没有打中球，球被对方捕手接住的情况。裁判会喊"好球"，出现三个好球打击者就会被振出局。——译者注

击打，就是因为他有着“即使再扔几千次也能击中球”的自信。

此外，一旦花费“二遍工夫”，为了挽回损失就不得不消耗更多的能量。如果能将工作向前推进倒也还好，就怕最终得出的结果仍是负面的，这样做会给人带来精神上的打击。

那么，怎样才能防止出现“二遍工夫”的情况呢？

这里给大家两条建议：

其一，**在工作开始之前必须进行沟通。**将此化作自己的一个习惯。

当我们进行了充分的沟通以后，后续的工作就会非常明晰：接下来要推进这一部分，在此基础上要先完成哪个部分……

仅仅在自己的头脑中思考的话，对工作的认识难免还是会太过模糊，所以必须将其写到A4纸上。

即便是喜欢或擅长在头脑中反复思索问题的人，也请养成“用笔写下来”的习惯。

之所以不愿意写，我想并不是那样更容易想出创意，而仅仅是因为懒惰吧。

至少要在你入职后的几年里，就养成做笔记的习惯。如果不写的话，也很难向上司或团队成员进行说明。

其二，**曾经做过的工作，要将其推进的方法、步骤、注意事项等都记到一张A4纸上。**有时候，甚至还会反复重新记录。

—A4笔记法示例④—

在总结项目报告书时

2017-04-01

· 将头脑中浮现的内容全都记到A4纸上

· 做好目录，将A4纸笔记按目录排序

· 重写一遍A4笔记，将其做成PPT

· 把从前辈那里学到的内容，添加进去

· 在截止日前3天，向上司做简单的汇报并修改

例如，我刚进入麦肯锡公司时就被要求对客户进行访谈，并整理出问题点，然后给出解决的对策。

需要问对方哪些问题？是在提问的同时做好记录，还是要集中精力判断是否需要进行更深入的追问？访谈结束后要将好几页的资料进行整理，为了不出现“啊，糟糕了”的情况，那么应该如何提问才能避免出现遗漏呢？关于这些问题，我都以“对咨询客户进行访谈的方法”为题，在A4纸上做了不下10次的笔记。

—A4笔记法示例⑤—

公司内部调整时的注意点

2017-04-01

- 与其他部门进行调整时，要明确我方的方针
- 确认好上司是如何向其他部门进行说明的
- 掌握好对方的关键人物
- 对方反应较微妙时，要及时向上司报告
- 最终的结果也要向对方进行详细的报告

当我做了这么多的功课以后，就等于是在头脑中，对这项工作做了最适合自己的演练。这些内容已经深深印刻在了脑海中，所以今后我就不必再为类似的工作去做笔记了。

同时，当我向他人进行相关说明时，自然会胸有成竹，并且自己也的确会按照事先想定的方案去执行。到了这样的阶段，也就无须再费“二遍工夫”了。

最后我还想说的是，**由于工作中的相当一部分内容都是在制作文件和资料，所以每一次我都会将其做成模板**（详细内容请参考本书第132页的内容）。

这样一来，在制作最新的资料时能以这个模板为基础，将其“另存为”新文件，马上就可以开始工作了。（用模板进行“另存为”操作。）

由于工作中要把握的“要点”都已经事先记到模板中了，所以这能让我更好地把握全局，做到毫无遗漏，也能大幅减少出现“费二遍工夫”的风险。

将PDCA工作法化作自己的习惯

“PDCA工作法”就是Plan（计划）、Do（执行）、Check（检查和确认）和Act（修正）的首字母缩写，是一种不断反复改良的工作方法。

其原本是为了顺利推进生产管理、品质管理等管理业务而被提倡的一种方法。但在其他业务领域以及活动方面，也都有着很好的效果。

主要来说，PDCA就是先订立“计划”，然后去“执行”，对实际推进的状况进行“检查和确认”，有必要的话再加以“修正”。就像大家在练习足球射门或在KTV里练歌时所做的一样。

通过不断地反复改良，提高技能水平，提升精确度和品质，这对于任何业务领域和活动来说，都是非常有效果的。然而，我却很少看到能够熟练运用这一工作方法的人。所以，我希望大家都能认认真真地学一学。

下面，我对该工作法的要点做一个简单的说明。

PDCA中的P（计划）就是要明确地写出希望达到的目标，如果可以的话，最好将其数值化，而且，最好能落实为具体的对策上。例如，“若能做到这3点或这5点，就是完成目标了”。（制订的计划要尽可能数值化。）

D（执行）就是无须多问，只要去执行就好。不过，在这个环节有三个关键点：

第一，**比决定好的日子更早开始做。**提前开工能让人精神上放松，保持一个乐观的心情。

第二，以3天或两周为限，这样的话，**在开始的第一天，就能对〝整体的情况〞做到心中有数。**也可以说，这就是在设定目标。

例如，决定“用5天的时间写出10页提案书”，那么，在第一天，你就可以开始轻松地先在10页A4纸上写好提纲。（即便是要在5天内完成的工作，“第一天”也是非常重要的。）

提案书的封面应该没有什么问题，目录页基本想一想就能写好，各个章节最开始的一页也属于比较好写的内容，只有个别几页需要思考是在这里插入某条信息，还是绘制一幅柱状图呢？基本上10—15秒钟就能写好一页。

第三，**遇到不懂的问题，要立刻找人商量。**

直接问上司也许会张不开口，但是向公司里的前辈或同事请教还是可以的吧？当然，我们不能在什么都没做的前提下，就去反复询问他人。要在付出过一定的努力之后再去提问，这样才不会招人厌烦。

C（检查和确认）就是针对最初的P（计划）检查和确认D（执行）的环节是否如期向前推进。

这一环节的关键点就在于，不能想着自我蒙蔽，**可以从第三方——特别是上司的视角做出冷静的判断：对于先前制订的计划，目前已经实施到了哪一步？**

具体来说，就是这样做，在A4纸上记录：

1.如果自己是上司，会以什么样的视角来审视？

2.提前将容易陷入的问题列出来。

3.确认是否要更近一步，还是需要修正当前的做法？

4.以“部下将会如何向我汇报”的观点检查和确认工作的进度。

5.“最好就是这样的”不要有类似这种主观臆断，而是冷静地看清事实。

如果我们仅仅是从自己的立场来看，就会有各种顾虑，总想着“工作如果没有向前推进，那该如何是好啊？”“要是让上司知道了可就麻烦了”“啊！看起来好像是按时完成了吧？”这样一来，我们难免会开始思考如何去掩饰这些问题。所以，我们应该以上司的视角检查和确认原先的计划与实际实施的状况。（难免会败给“想要粉饰问题”的诱惑。）

虽然要做到这一点很难，但只要你有这种客观的态度，就能一辈子做自己喜欢的工作，让你的人生更加光明磊落。因此，还请大家（以上司的视角检查和确认文件）努力尝试这样去做，反复多试几次以后，就熟能生巧了。

A（修正）就是根据C（检查和确认）环节的实际状况，来修正原先的计划和实施的项目内容。

这个环节的关键就是，不要轻易地做出修正。

通过自己的努力，以及在工作方法上多下功夫，一般都能遵照当初所制订的计划。不要随意妥协，也不要用软弱的姿态去面对现状，一旦决定好了，就是雷打不动的事情，只有这样我们才能收获成长。

以上，就是对PDCA工作法各个环节的说明。我个人认为，除了要在一定程度上掌握该方法外，还有比这些环节更加重要的事情，那就是要能“瞬间”“快速”“多次”地运用PDCA工作法，所以，建议大家都能将其化作自己的一种习惯。

也就是说，我们要不断提高自己的工作速度，要能迅速写出PDCA中的Plan（计划），然后立即去Do（执行），并对其进行Check（检查和确认），一旦发现不妥、不足之处，就要马上进行Act（修正），然后不断地反复这一个循环。

例如，每周写3篇（周二、周四以及周六）2000字篇幅的博客文章。哪怕是刚入职才一年的新员工，这样的决定也不会显得太勉强。所以，我推荐大家试一试。每次在写博客时，就可以利用PDCA工作法。（“快速大量的书写”也是为了平时的工作做训练。）

周二写博客时——

P：决定好博客的大标题以及5个小标题。

D：总共要写2000字，努力加油写完吧。

C：确认所写的内容是否与之前的大标题相符合。

A：认为有必要进行追加调查，所以要花时间对原先的计划做一些修改。

在周二写博客经验的基础上，周四写博客时——

P：一边思考能写的内容，一边决定好大标题和5个小标题。

D：写出2000字——由于这次的标题不是太跳跃的，因此可以将写作时间压缩到之前的70%。

C：将所写的内容与标题进行对比确认。

A：只需要进行一点点的修改就完成了。

周六写博客时——

P：先反思一下周四的写作过程。由于周六是休息日，时间上相对充裕，可以把博客的标题定得更大一些。花些时间在网上搜索信息，挑战一下自己很想尝试的写作内容，同时，定好4个小标题。

D：用10个左右的关键词在网上搜索信息，阅读完后撰写2000字的文章。

C：由于认真制订了计划并事先做好了准备，所以确认所写内容的环节，很快就能完成。

A：几乎不需要再进行任何的修改。

像这样，每周运用3次PDCA工作法，每一次都能很迅速地做出改善，连续坚持3周的时间，你就将变得非常擅于写博客文章。

能付出这种努力的人毕竟还是少数，就像练习弹钢琴的指法一样，当你能做到“瞬间”“快速”“多次”运用PDCA工作法时，你的工作效率将如虎添翼。

第2章　要点回顾

□任何工作都能以3倍的速度完成

□“事前准备工作”能带来差距

□要抓住“工作的要点”

□为了不费“二遍工夫”，要事先模拟好各种状况

□要能在瞬间、快速、多次地运用PDCA工作法，并形成习惯

掌握受用一生的沟通能力

3

比起传递信息，更要注意耐心倾听对方说话

认真倾听的关键是关心对方

为了将工作顺利向前推进，离不开认真倾听的态度。如果不能很好地理解对方所说的话，我们也就弄不懂真正的问题点在哪里，当然也就不知道该如何去解决了。如此一来，我们便无法找出一个推进工作的最佳方法。

不过，对于很多新人来说，“完全不去倾听，自己想当然地干工作”“中途打断对方”“不能认真去倾听”等，似乎是一个通病。（要更重视“倾听的方法”，而不是“表达的方法”。）

另外，有时即便自己听了对方所说的内容，也只是停留在“听”而已，从未有过进一步确认和深入挖掘的追问。

我认为，之所以出现这样的问题，可能是因为大家在刚入职的阶段，就没有接受过这方面的系统训练。在这里，我想向大家推荐一个有效的方法，那就是“主动倾听”。而且，其还具有一举两得的功效。

所谓“主动倾听”，**就是指“认真地听取对方所说的内容”。**一边随声附和，一边望着对方的眼睛，以一种真正关心对方的态度去交谈。

当然，如果你在头脑中还想着其他事情，抑或只想尽快结束交谈，那就另当别论了。（假装在听或者走神，对方是能看出来的。）

如果你没有真正地在倾听，或者自己还有什么想要隐瞒的想法，这些都会立刻被对方识破。这样的话，对方就不会愿意继续说下去了。因为对方会在心里想：“啊！这家伙根本没想听我说啊！”最后的结果，说成你从此被对方“封杀”了也毫不夸张哦。

那么，到底该怎样做才算是“主动倾听”呢？主要有以下3个要点：

第一，**要认认真真地去倾听，要把〝百分百理解对方所说的内容〞当作自己的目标。**

我的意思并不是让你老老实实地坐在那儿听就可以了，而是要把注意力都集中在说话者身上，思路要完全跟上他所说的内容。如果你的交谈对象和你说的是同一种语言，那么在理解上应该没有障碍。尽管如此，还是要集中精力，将对方所说的每一句话都用笔记下来。

你“不想错漏一句话”的倾听姿态，会给对方留下一个很好的印象。同时，这种认真的态度，会让你自然而然地想提问、确认对方所说的内容。这与那种“应付差事式的交谈”相比，在对内容的理解程度以及同说话者的关系上，都会产生明显的不同。

第二，**尽可能地多做笔记。**虽然，很少有被访者会把“一边交流一边做笔记”视作是对自己的不礼貌，但是我们也要注意区分不同的场合。（要随时准备做笔记。）

当对方明确表示“这些话不能外传”“请你不要做记录”时，我们当然就不能做笔记了。如果已经记了，就要马上放下笔。

即便是对方没有明确表态的场合，对于其中涉及的一些私密内容，我们也应该停止记录。如果从一开始就知道会有这种情况，干脆打消“做笔记”的念头。

除了上述情况，在日常的工作中基本上不会遇到什么问题。像聚餐的场合，如果不方便使用大开本笔记本或A4纸做记录，也可以换用小本子或折叠过的纸张。

我通常会**把一张A4纸横放，在左侧从上至下，然后再换到右侧从上至下，一列一列地进行详细记录。**因为我想将所有的要点内容都记下来。

由于手写的速度永远赶不上对方说话的速度，所以不可能做到一字一句地记录，像“那个……”“那样的话”“怎么说呢”这样的口头语就不必记录了。

另外，即便感觉再烦琐，也要将“削减成本”“经营会议”等词完完整整地写下来，而不是以缩写的方式代替。

写这些字并不会占用你过多的时间，在事后能让你更容易看懂自己所记的内容。当你要将笔记拿给他人看或者作为采访记录复制分发时，太多的缩写语会让人读起来一头雾水，还要费时间重新誊写。

当我在访谈中听到对方说出某些金句时，就会像前面介绍过的那样，在A4纸上分左、右两列做笔记，这样的笔记曾经写满了5—7页纸。

最开始的时候，我也感觉到有难度。但是只要能坚持下来，就一定能做到。久而久之，那种提笔忘字的情况也会变得很少了。基本上常用的汉字我都能正确写出来[①]，不过像“忧郁[②]”这样笔画很多的词是例外，我还是会用假名来写。

① 日语中常用到的文字分为“汉字”和“假名”两大类。——译者注

② 日文原词所写的汉字为“憂鬱”。——译者注

第三，**在认真倾听、做好笔记的同时，遇到不太明白的地方或者想要更加深入了解的内容，要当场继续追问。**

“问得太多”并不是问题，由于缺少追问而导致不能完全理解对方所说的内容，才是真正的问题。

没有谁能在一开始就总结好自己想要表达的内容，并且做到足够精练，所以在说话的时候表达不清或者语焉不详，都是常有的事情。

因此，这就有可能导致我们无法做到深入理解，而对方原本想说的内容也不能完全表达出来。

如果不当场继续追问，我们就会错失一些重要的信息，有时可能是说话者自己都没有意识到的，或者是因为疏忽而忘记说了，但有时则是说话者下意识里想要回避的内容。（提问也能给对方留下好印象。）

针对这种情况，**我们在追问时千万不要有所顾虑，但是，我们绝对不能厚着脸皮直接问对方，**而是应该通过耐心诚恳的提问，引导说话者说出这些内容。

例如，可以像这样说“能听您告诉我这么多内容，真的是非常感谢。不过，我刚又想起来了一点……”“那样说的话，也是存在着这样一种情况的吧……”“想请您再考虑一下，确实是这样的吧？”

像这样，有着极好效果的“主动倾听”，实际上做起来却并不那么容易。如果你对交谈的对象、交谈的话题完全不抱以关心，是根本不可能做到的。

假装在倾听，好像是谁都能做到的。而且，装作一副认真的表情去提问，时不时地点头附和对方，其实脑子想的是其他事情——也许有的人觉得这样不会被拆穿吧？

但是，人的感觉是很敏锐的。即使你粉饰得再真实，对方也能觉察出来。你有没有真的在听，是瞒不过对方的。

即便假装在倾听而故意提问，你的问题中也不会带有关心之情。当然，也就更不可能有那种想要深入了解的渴望了。

那么，到底该怎么做才对呢？

答案只有一个，而且很简单，那就是“要主动关心对方”。

带着关心之情去交谈，才能将我们的真诚传递给对方。如果我们真的想要深入了解对方，自然就会提出准确的追问。针对当前所处的场合，我们自然会知道自己该怎么做，从而向对方抛出更进一步的追问。

在一开始时，就将我们的这种心情传递给对方，能让其对我们敞开心扉。

我想，也有那种对他人不抱以关心的人存在吧？如果本书的读者中有这样的人，我真心希望你能在读完本书之后做出改变。（调查“自己对哪些领域比较关心”的方法。）

按照下面的步骤，首先，找到自己所关心的领域：

1.在A4纸上写出自己想做什么？对什么领域比较关心？

2.把该领域的关键词输入到“谷歌快讯”（Google Alerts）中（请参考本书第99页的内容）。

3.每天早上，阅读相关的推送新闻，并积极参加与之相关的活动。

4.与在那些场合所认识的人愉快地交谈。

5.与在那些场合所认识的人，一起做些什么或者一起外出。

6.如果有社团组织，也请积极参加。（一些非正式的社团组织，也可以参加。）

通过这些步骤，任何人都能找出自己所真正关心的、感兴趣的领域。哪怕是一些“亚文化的内容”也完全没有问题。因为那是你真正关心并甘心投入的领域，没必要让自己成为一个众人眼中的“好孩子”。

其次，找出在工作中自己所关心的领域。

商品开发、销售、人事、会计、海外业务等，只要有一点点感兴趣的领域都行。本书的读者，应该都是想让自己获得成长的人，因此，也请你好好想一想，公司内部的业务中，有哪些是你比较感兴趣的，然后同样可以利用好谷歌快讯的功能。

其实，哪怕是会计这样相对比较枯燥的业务，对于感兴趣的人来说也是会非常喜欢的。我们每天都能查看到这方面的各种新闻。例如，在谷歌快讯中就会推送像这样的新闻：

· 什么是会计人员必须做到的“100分工作”？

· 剩余价值的分类是什么？

· “云会计服务会夺走会计师的工作”的六大理由。

· “老实人却时常吃亏”特别调查部门对逃税问题的追查。

如果是我的话，每一个都想点开看看。

还有，在Facebook网站上也有像“商业审计、会计、财务之家”这样的公开讨论小组，其成员数量已经有几千人。

“会计”这一行由于受到“区块链”技术的影响，今后应该会发生较大的变化，同时也很容易受到国际会计基准的影响。如果你是一个较敏感的专业人士，一定要保持终身学习。（做一个自己所擅长领域的“专家”，保持终身学习。）

像这样，一点点地找出自己所关心的领域，然后通过将范围不断地扩大，让自己更加自信，从而逐渐推广到对他人也抱以关心。

通过“主动倾听”找出解决对策

所谓“主动倾听”，也可以理解为通过追问的方式，更好地理解对方所说的内容，更好地把握对方想要表达的意图。对于涉及公司和行业的相关问题，我们也可以运用“主动倾听”取得更进一步的成果。

因为，通过谈话不仅能找到问题的本质，弄清楚真正的原因，十有八九还能帮助我们找出解决对策的大方向。

当我们熟练了以后，就能通过追问、提出假设等方式，对“问题的解决对策”在一定程度上加以确认。

总之，“主动倾听”不仅能帮我们把握问题点，也能进而解决该问题。这与“仅仅是听对方说话”完全是截然不同的两种效果，可以说这是能让我们在工作上取得结果的一种方法论。

我们可以看下面的例子。

***

假设当前的任务是帮助一家电动自行车的定制工厂提高服务客户的水平，我们需要采访一位已经在这里工作了10年时间，年逾40岁的主任，然后梳理出问题并给出解决对策。

为了把握现状和梳理问题点，我们反复地向对方提出问题，然后发现最大的问题在于，工厂未能充分整理好来自客户的投诉，而且不能在第一时间给予对方答复。（通过反复提问才能找出问题点的所在。）

10年前，这款电动自行车产品刚上市的时候，主要的客户群体是上坡道困难的老年人。然而，最近这四五年里，在平坦道路上运送幼儿的主妇的消费需求变得越来越高。也就是说，主要的客户群体已经发生了变化，客户的需求也从之前“重视电动车的马力”转变为“简化充电的烦琐度”。

我想骑过电动自行车的读者应该都知道，其电池往往又大又重，每次都要先将其卸下来再拿回家里充电，如果住的地方离停车地点很远，这确实是一个不小的负担。更何况，如果还有其他行李，根本就没有手去拎电池了。

在与这位主任交流的过程中，我们意外地发现，他竟然不知道电动车通常都会有一个“省电模式”。关于这一点不能只是告知对方就可以了，还需要耐心地向其说明在何种状况下可以切换到“省电模式”，何种情况下不需要进行切换。

而在最新的车型上，已经可以做到利用下坡时的动能来为电池充电了，这就是一种更有效率的使用方法。

像这样，在交谈的过程中就能发现问题，并搞清楚其来龙去脉，然后找出解决问题的大方向。

要让访谈的对象始终保持一个放松的心情，同时向其反复精准地提出提问，才能更加接近正确的解决对策。

我之所以反复强调“主动倾听不仅仅是倾听，还能帮你找出解决对策”，就是这个道理。

我的业务主要是为创业公司提供顾问支持，以及协助大型企业进行经营改革，每年都有与上百名对象进行交谈的机会。

难以想象的是，如果我没有掌握“主动倾听”这一技能，是不可能在这些交谈过程中很快发现问题并提出解决对策的。

而且，由于是同我们一起梳理问题直至找出解决的对策，所以交谈的对方自己也会非常有成就感。这样一来，双方的默契度就会有提升，也就能更加顺利地解决问题。（即使是初次见面也可以运用“主动倾听”的技巧。）

关于“主动倾听”的话题，我在《跟着漫画学习麦肯锡领导者理论！》（宝岛出版社）一书中有详细的阐述，有兴趣的读者可以找来看看。

说话只要能做到通俗易懂就好

我想，很多人都非常在意自己的说话方式吧？（把说敬语化作一种习惯。）

特别是在学生时代，彼此说话比较随意。进入社会以后，大家一时很难适应那种正式场合的说话方式。对于这种情况，我当然是建议大家用半年的时间让自己尽快学会适应。毕竟太过随意的说话方式，会给你的一生带来负面影响，也让整个人显得很笨拙。

其实，在找工作的阶段，我们就有很多机会适应这种“社会人的对话”。学生时代如果做兼职，也能有机会让自己接触到“非学生用语”的场合。

因此，我相信大家都能尽快解决这个问题。

其实，作为一个社会人，当你已经适应了与同事、前辈、上司之间的日常对话之后，真正的问题才刚开始显现。

你会因为害怕失败、害怕激怒对方而过分紧张，导致头脑一片空白。不仅在向上司说明文件内容时会这样，在会议上进行必要的情况说明时，原本心里想着要好好说清楚，但嘴巴说出来却磕磕绊绊，变得前言不搭后语。

一旦出现过一次这种情况，就会有第二次、第三次。

那么，为什么会出现这种情况呢？

其实，并非你的工作能力很差或者没有热情，而是你对自己所提的意见以及说话的方式缺乏自信，导致在说话时太过在意这一点。（避免“前言不搭后语”的方法。）

一个主要原因就是你太在意“安排好顺序，流畅地、有逻辑地去说话”。正如我在第1章中所说的那样，最好让自己忘记“逻辑性”这个词。

重要的事项分成三点来说，而且，这三点内容要按照通俗易懂的顺序去表述。

用英语表达，反而就简单多了。（采用“中学生都能听懂的句子”就足够了。）

◎I think there are three reasons.	理由有如下3点：
・First of all,I think...	第一点（首先），我认为……
・Secondly,I think...	第二点（其次），我认为……
・Lastly,I think...	第三点（最后），我认为……

只要像这样，依次说下去就行了，完全不需要什么复杂的措辞。

大家在参加会议的时候也可以多多观察，那些能干的上司、前辈，特别是那些说话特别通俗易懂的人，他们是如何发言的。

他们几乎都只会采用这种简单且易懂的说话方式。虽然如此，他们的话语中依然拥有力量，句句都能体现出本人的自信，因此会非常有说服力。（说服力源自干脆且响亮的话语。）

“只采用简单且易懂的说话方式”就足够了，这是在进行表达、说明时最为重要的一点。

正面积极的反馈能够带来改变

能提高工作的效率，还不引起任何摩擦，同时还能很快见到成效——这样的“魔法”确实是存在的，而且不需要任何费用，那就是“正面积极的反馈”。

所谓“正面积极的反馈”，指的就是**在与团队成员、其他部门的同事、客户等交流时，要表现得更加乐观，要营造正面积极的氛围，让彼此的交流更加顺畅。**

当团队成员、其他部门的同事、合作伙伴没有取得预期成果的时候，抑或自己心情一团糟的时候，人们总会倾向于采用一种否定的、负面消极的方式和对方说话。这样做可以说毫无益处。（并不是因为什么具体的事情，只是因为内心的烦躁。）

没有取得预期成果的团队成员或合作伙伴，此时已经处于自我反省或自我厌恶的状态了。即使他口头上会进行反驳或自我辩护，但心中却未必是那样想的，在大企业中更是这样。

这种时候，如果我们再非常生气地去责怪对方，只会适得其反，绝不可能带来什么好的结果。这样做只能打击他们的士气，使其陷入低落的状态，还会因为其内心的厌烦情绪而想要去逃避，感觉自己被周围人所嫌弃。

“正面积极的反馈”能从根本上杜绝这一问题，而且，任何人都能马上感受到其带来的效果。

由于其着实能强化你的领导力，所以这不仅有利于当下的工作，对于未来（自己也将领导部下）也是非常有益的。

其实，真正做起来并没有什么困难的，甚至比你预想的还要简单哦。在工作之外的场合，特别是与亲朋好友相处时，也会带来戏剧性的效果。

那么，怎样做才算是“正面积极的反馈”呢？

根据具体状况会有细微的差异，我在这里一一加以说明。

首先，**对于〝好的结果〞要给予大大的赞赏。**关键就是要毫不犹豫、毫无顾虑地赞赏对方。（“赞赏他人的能力”也是必备的。）

赞赏过头会不会让对方得意忘形呢？往后会不会就此消极怠工？——这些多余的事情完全不必考虑。

放手去赞赏对方，但不能以那种“以上对下”的姿态，而是要带着感谢之情。

其次，对于“一般般的成果”也不要想太多，毫不犹豫地去赞赏就好了。

要毫不难为情地当场表扬对方，这对于很多日本男性来说，确实不太容易做到。可是，如果不这样做，好不容易出现的“赞赏机会”就会从眼前溜走。

有的人喜欢在赞赏的同时指出点儿问题，并给出改良的意见——其实在这种场合下，最重要的是去赞赏对方就足够了，否则会让对方感到失望：“怎么，好不容易夸奖我一回，还要先说几句牢骚话不成？”这就失去了原有的效果。甚至更严重的，还会引起相反的效果。

即使有一些反馈意见，我们也一定要换个场合，或是空开一定的时间，比如改到当天晚些时候或者第二天。

此外，若对方还未取得成果，仍在努力的过程中，我们也要首先想着去慰问和鼓励对方："加油哦！"关键就是要对对方所付出的努力表达感谢之情。

即使这一次很遗憾没有取得结果，但在不远的将来，也一定会取得好的结果。

基于这样的想法，我们就必须学会赞赏和犒劳对方，为其继续的努力奋斗指明方向。如果一时性急，说些讽刺挖苦的话，那么对方也就不可能再继续付出努力了。

还有，**当结果很不好时，你的反应也是很重要的——"没事的，虽然这一次进展不顺，但下次这样做一定会成功的"，要像这样去鼓励对方。**

要想做到这一点，需要很高的情商和很大的器量才行。很多的领导者或上司，一旦面对糟糕的业绩，第一反应就是暴跳如雷。即使是因为他自己指挥失误导致的后果，也还是只会一味地责备团队成员或部下。

将来，当你也成为领导时，绝对不要说"这个浑蛋！应该去下地狱"这样的话，即使是在心里这样想也不可以。因为，你的这种负面情绪会完完全全地传递给对方。

也许有人会说，即便自己很生气的时候，也会努力去控制和掩饰，所以不会有什么问题。但是，掩饰和隐藏自己的情绪是何等困难的一件事啊。（不要想着掩饰或隐藏自己的情绪。）

无论如何，我们的话语和肢体语言都会刺伤部下的内心。

大家应该也有过，自己在做错事的时候，能深深感受到来自上司的愤怒的经历吧？

同样的道理，想要“隐藏自己的愤怒”是不可能做到的。

选用恰当的说话方式

沟通交流，**尤其是由我方发起对话时，应采用“重度交流”（Over Communication）的方式。**（也许多说一句话，就能打动对方的心。）

所谓“重度交流”，就是在与对方说正题之前，先加上“慎重起见”“虽然您也许知道”这样的句子。总之，对于对方接下来要说的内容，我们可能有所了解，但也有可能不了解，所以我们要提前这样说一下。

为什么说这是非常有必要的呢？上司往往都很忙碌，可能之前听过，但是忘记了，也可能一时回想不起来，所以我们这样也是对对方的一种照顾。

无论对象是谁都一样。**即使对方当时看起来是在认真听我们说话，也要在事情隔一段时间以后，再次向对方复述这些内容。这就是顺利开展工作的诀窍。**

上司在百忙之中抽空与我们召开30分钟的会议，但我们却因沟通不足浪费了时间，而下一次的会议可能又要等到两周以后了，这种情况真是令人头大。

还有，在与其他部门的同事、客户共事时，如果本部门的某位同事已经进行了前期沟通交流，由于我们并不清楚沟通交流的具体内容，所以依然可以全部复述一遍。

当前辈表示“你这家伙真是个细心的人哪”的时候，就表示你做对了。（被人说“太过谨慎”也不是坏事。）

故意选择无视这些的人毕竟还是少数，所以当对方表示“欸？为什么你之前没告诉我？”时，就表示沟通的过程中出现了失误，但这也是一个好机会，让你重新认识到“重度交流”的重要性。

从这个角度来说，对上司或前辈抱怨“之前向您报告过啊”是不妥的。因为这样说话的方式，不会带来好的结果。即便错在对方，我们也不能表现出不快。毕竟，当对方认为你“不是个可爱的家伙”时，就肯定不会有好事的。

在人与人的往来关系中，无所谓胜负之分。所以，像“我之前告诉过你啊”这样的话，请绝对不要说出口哦。（没有必要去做一个“不可爱的家伙”。）

另外，在会议等场合，也可以做一些提醒，如：“正如上次会议做出的决定那样，关于这件事……”在这种场合下，由于我们并非针对某一个人发言，所以这种说话方式也是能被接受的。

这也算是一种“重度交流”。依照上次会议的决定来推进本次会议的议程，是比较恰当的一种“关照”。

除了上司之外，在面对同事、后辈、家人、恋人时，也是一样的道理。

当然，遇到故意选择无视的人，或者是将之前的交流忘得一干二净的人，我们也不能就此了之。

同理，在这种情况下，像“我之前说过”这种冷漠的、非建设性的情绪化表达方式（并非为了说明事情，仅仅是为了发泄情绪）也是不能说的。应该与其好好沟通防止再出现这种情况，抑或尽可能撇清与对方的关系。因为这种人可能还会在其他方面给你带来不好的影响。

不折不扣地执行“报告、联络、商谈”

不折不扣地执行“报告、联络、商谈”①，对于顺利推进工作来说，也是非常重要的。因为，这三个环节可以说就是工作的基本内容。

在“报告”的环节，应像之前所介绍的“重度交流”一样，要有十足的耐心。此外，还要注意以下一些地方。

“报告”环节的5个要点：

1.不要延迟，应立即报告。特别是有坏消息时不要迟疑、迷茫，更应该立刻向上级报告。

2.在报告的频率、内容等方面，应提前与上司或领导沟通，确认好对方希望听到什么样的报告。

3.事先与上司或领导确认，在周末或夜间遇到紧急状况时应如何进行报告。

4.经确认过的客观事实与自己的主观意见，要明确地分开说明。

5.之后的进展、结果等，也不要忘了再次进行报告。（“事后报告”也是很重要的。）

“联络”的环节则与向上司“报告”的环节不同，其指的是像“召集大家来开会”这样向有关人员传达业务上的简单信息的行为。例如，很多时候我们会与团队中的年轻成员“联络”，安排联欢会的场地布置

① 在日语中，将这三个单词放到一起的缩略语，刚好与“菠菜”一词谐音。——译者注

等事宜。

“联络”环节的5个要点：

1.要站在对方的立场上，给予无微不至的关照。为了避免之后又产生疑问，应该将所有必要的信息都传达给对方。

2.给对方一定的时间，让参与者有调整日程安排的余地。

3.提前两天再次与其“联络”，防止对方有所遗忘。

4.要避免为了保险起见，不断给对方发送电子邮件的情况。

5.对于特别重要的人物，以及需要我们随时跟进的对象，在活动的当天仍要与其取得“联络”。

最后的“商谈”的环节，令人意外地没那么简单哦。

过度的交谈（商谈）会有损对方对我们的信任感，甚至是让人感到厌烦，而交流不充分，也会让对方内心烦躁，或感觉是在浪费时间。不仅仅是在交谈的频率上，在交谈的内容上也容易出现太过细化或者太过粗略、笼统等问题。

“商谈”环节的5个要点：

1.尽可能地去了解交谈的对象希望采用何种交流的方式。

2.在商谈的频率、内容上可以请教前辈，做到何种程度才是妥当的。

3.尽量在已经完成了“自己分内工作”的前提下，再与对方进行商谈。

4.如果商谈对象的情绪不稳定，就另找最佳的商谈时机。

5.在商谈时一定要表现得有礼貌，事后要马上发送简短的感谢邮件。

第4点中“找到最佳的商谈时机”，通过我平时的观察：比起上午，午后稍早一些的时间会更好些。如果公司里有比我们稍稍年长的前辈，由于彼此间代沟不大，可以试着去请教他们。（如何与情绪化的上司打好交道。）

通过电子邮件搜集前辈们的模板

刚入职的新员工，往往不会写比较正式的电子邮件。因为，他们还没有掌握公司内通用的语法和行文惯例。而且，大家在学生时代基本上很少会撰写电子邮件，几乎都是在LINE①或Facebook上交流信息，有的人甚至只用Twitter②就行了。所以，理所当然地也就不会写电子邮件。

但是，在职场中，电子邮件依然是主流的沟通工具。在“公司以内”的范围里，也许主要用的是内部通信、内部SNS③、内部留言板等功能，但在“公司以外”的范围里，就必须用到电子邮件了。

还有，在跟上司或者领导层进行联络时，很多时候必须使用电子邮件。因此，我们必须熟练地使用电子邮件系统。

“时至今日，还用电子邮件是不是太奇怪了啊？”“早就过时了呀！”“我早就不用电邮了！”——嘴巴上的抱怨，不会带来任何改变。

那么，我们该怎么做才能在几个月的时间内，变身为“电邮达人”呢？（入职后在几个月内成为“电邮达人”的方法。）

我推荐给大家的方法是，搜集前辈们撰写的电子邮件，将其作为“范文”依葫芦画瓢。

我当初采用的就是这个方法。那时我在小松公司做工程师，基本上

---

① 一款即时通信软件。——译者注

② 即推特网站，一种微博客发布平台。——译者注

③ 即社交网络。——译者注

也是从未写过电子邮件，无论是同公司内部还是外部的交流中，都没有用过电子邮件。所以，在进入麦肯锡公司后最初的那两年时间里，我都是在拼命地拷贝前辈的电子邮件。

收到来自团队成员的电邮时，如果是可以借鉴的内容，我就会将其打印出来存放到文件夹中备用。同时，也会将这封邮件另存到电脑系统桌面上的文件夹里，以供参考。

不过即便如此，在最初的那段时间里，我依然没弄懂该如何撰写邮件。仅仅是将不同类型的邮件范文都摆在桌面上，然后再“写”出自己的邮件。（写电子邮件只要能掌握“框架”就可以了。）

这种完全靠拼凑出来的邮件，怎么看都有点不太自然，但不管怎么说，我确实变得比之前熟练多了。

“零基础”的人无论如何也不可能写出“正确”的邮件，所以我不得不在半年多的时间里使用这个“偷师”的方法。

终于，在反复这么做的过程中，我能够做到快速且正确地撰写邮件了。

提前做好发言笔记，开会不怯场

最初每一次开会时，你是不是都会感到紧张怯场呢？

如果你是在这种状态下被要求发言，肯定除了紧张还是紧张，头脑中一片空白。

我最开始时也是这样的，担心自己所做的发言内容是否切中了要害？在前辈或上司看来，我的发言是否很别扭？——越是纠结这些问题，我就越是无法流畅地发言。

因此，**我推荐大家可以提前做好发言笔记。**

这其实也是A4笔记法的一种变形应用。我们可以事先设想好，哪些内容是必须在会议上进行发言的，然后，将这些内容分成3—4点写出来。

不过在会议开始以后，随着议程的进行，事前写好的这几点也可能会变得不太恰当。因此，我们就需要对其进行修订。在一场会议中，可能要对自己的发言内容做好几次的修改。

做了这样的准备工作之后，当我们被提问或点名时，就可以**看着准备好的发言笔记，大声且流畅地进行发言了。**这样一来，内心也会更有安全感。

—A4笔记法示例⑥—

高质量会议：准备发言笔记

2017-04-01

- 这次质量问题的原因是什么
- 供应商的质量保障体制出了××问题
- 已经对供应商提出了××改良要求
- 对方已经给出答复
- 将在两周内完成改良工作

由于我们发言的要点都已经事先写到笔记上了，所以不会有所遗漏，而且我们在当场大声给出了答复，也会非常有效果。

此外，对于特别重要的会议场合，在开会之前，我们可以拜托同期进公司的朋友，以“角色扮演”的方式进行预演练习。

让朋友代替“自己”，看着事先写好的笔记进行发言，我们则扮演会场上的“领导”，点名让他起来发言。

如果是要用“角色扮演”，可以再找一位朋友扮演“旁听者”，让他就“领导”的反应、发言内容是否有说服力等给出反馈意见。关于这一点，也一定要事先在A4纸上写下需要其留意的3—5个方面。否则，对方很可能因为遗忘而无法给出正确的反馈。

我想就“角色扮演”这一方法，再做一些详细的说明。角色扮演的过程可以是3分钟，旁听者给出的反馈意见用2分钟，总计会用掉5分钟的时间。在并不需要特别强调“说服力”的场合，角色扮演的过程也可以只进行2分钟。因为很多时候站在对方的立场上，我们瞬间就能理解其所说的内容。

“本人”、会场上的“领导”、“旁听者”——由三个人分别扮演这三个角色，用5分钟的时间完成一轮演练之后，可以互相交换角色。通过计时，三人可以在这些角色之间轮换进行练习。

像这样，第二轮结束后，交换角色再进行第三轮。通过这种方式，只需要15分钟的时间，三个人就都扮演过了一遍“本人”“领导”和“旁听者”。

这样一来，对于自己的立场、第三方所见的表现方式、对方立场会产生的情绪，交流过程中的微妙之处等，我们都会有详细的了解，也就能理解上司以及其他部门领导的立场了。有了这种感悟后，个人的成长也能得到大大的提速。（以会场上的领导的立场，进行模拟演练。）

这种“角色扮演”的方法，乍一看好像很难，实际上却非常简单。我们仅仅是改变了自身的立场，就能获得更多的感悟。这几乎是在一瞬间就能完成的事情，所以请大家务必邀请自己的友人来帮忙尝试一次，我相信这会改变你的固有印象的。

关于“发言笔记”的话题，我在《让头脑从“一片空白”变回“清醒”的说话方法》一书中有详细的阐述，有兴趣的读者可以找来看看。

第3章　要点回顾

□认真听对方说话的“主动倾听”

□“主动倾听”也能帮我们找出解决问题的对策

□语言表达做到通俗易懂就足够了

□“正面积极的反馈”能让沟通交流更顺畅

□“慎重起见”“虽然您也许知道”多用这样的表达方式

□工作的基本内容就是不折不扣地执行“报告、联络、商谈”

□撰写电子邮件时，可以靠搜集前辈的邮件来当范文学习

□提前准备好“发言笔记”，就不会在开会时怯场

掌握受用一生的人际交往能力

4

成为让对方信赖的人

能被人信赖是好事

作为一个人来说，什么才是最重要的呢？是事业有成，还是赚大钱？

由于每个人的目标不同，所以这个话题也没有一个固定的答案。但是，从本书的中心思想来说，我认为最起码“能被人信赖”是必不可少的，这应该是人生中最重要的一件事。（你是不是一个能被人信赖的人呢？）

能获得他人的信赖，好工作就会接踵而至，你的领导力也将得到充分发挥。不仅工作变得更加充实，个人也能获得成长，大部分情况下还可以增加自己的收入，在私人生活方面也会遇到更好的伙伴。

我相信，没有人不想成为被人信赖的人。然而，到底该怎样做才能获得他人的信赖呢？哪些事情又是绝对不应该做的呢？关于这个问题的答案一直很模糊。

我认为，以下几点比较重要：

1.要做到“言必行”。

有的人一旦遭遇情况有变，就会轻易地推翻自己先前所说的话。这种人只在乎眼前的一点得失，会导致长远的利益受损。（目光短浅的“处世方式”毫无益处。）

在这种情况下，完全不存在事后弥补的可能性。只有做到“言必行”，才能让自己的人生变得更充实。所以，这一点是很重要的。

2.不要背叛自己的伙伴或部下，不要互相拆台。

有的人在情况变得很糟糕的时候，首先想到的就是动用一切手段自保。这样做是致命的，很有可能你将从此失去自己的信用。

不仅那些被你背叛的伙伴或部下不会再信赖你，就连看到你这样做的上司、合作伙伴、竞争对手也都会认为："这家伙人品不行，竟然会背叛自己的同伴！"

所以，最好不要去想那些投机取巧的"处世方式"。

3.时常思考自己能为伙伴或组织做些什么。

不要让自己陷入利己主义的思想，而是要保持一个全局观（请参考本书第12页的内容），好好想一想自己能为大家做些什么。这样的人平时在公司里可能会很不起眼，但危机来临，他们能挺身而出，从而获得大家的信赖。（周围人对其视而不见的状态。）

怎么样？如果每一点的满分是10分的话，你能给现在的自己打几分呢？

“人格”与“人格魅力”

所谓的“人格”，可以理解成生而为人的一种品质，一种高尚的情操。哪怕入职才一年的新员工，也可以拥有崇高的品格，而一些上市企业的员工甚至部长级的领导者，也可能是一个人格低下的人。（地位和年龄的提高，必然会使人格也变高尚吗？）

各位读者朋友，我希望大家不仅要关心自身的成长与晋升，也要关心如何提升自己的人格。大家可以根据自身的实际情况，不断地去思考这一话题。

有的人并不会特别关注这一方面。毕竟人是社会性的动物，对“人性”的不断追求，也是十分具有价值的主题。

在A4纸上做笔记，围绕着“人格，对自己来说到底意味着什么？”“怎样做才对？”“自己的朋友中那些有着高尚人格的人，他们的哪些方面打动了我？”等问题不断反复思考。（“A4笔记法”的具体做法，请参考本书第8页的内容。）

所谓“人格魅力”，就是指那些真正拥有高尚人格的人，他们会自然而然地获得来自周围人的好感。拥有人格魅力，你的工作和生活都会变得更加充实。

恐怕很多人都想要成为拥有人格魅力的一类人吧。

不过，所谓的“人格魅力”并不是通过自己的努力就能够加强的，它属于是一种自然流露的东西。如果有意识地假装这种状态，反而会显得自己很造作。

本质上，是因为这个人真的很优秀，才会吸引周围的人。

话虽这么说，也还是有几个前提条件的。下面就来简单说一说：

1.要有“自我”的意识。

要时常反思自己，确立一个正确的价值观，不要让自己三观不正。在此基础上，通过将自己的价值观传达给他人，以此来展现自我。这样一来，你的魅力才能够表现出来，并能获得更多的信赖。（自己一生中最看重的东西，绝不能做出让步的东西是什么？）

2.尊重他人，认真倾听他人。

这本是理所应当的事情，但依然有很多人做不到，所以请大家务必要重视这一点。

3.不要把他人当傻瓜，也不要区别对待他人。

令人吃惊的是，很多人都做不到这一点。很多时候一些精神暴力、职场潜规则、自大狂等表现，都与这一点有关。

4.一直用积极乐观、纯真的视角去看待事物。

和从不发牢骚、从不说人坏话的人在一起共事，自己也会变得快乐起来。

怎么样？其实以上每一点都是社交常识，只要能做到这几点，就能让你的人格魅力更上一层楼。

关于其具体的做法，我会在本书的其他章节中进行阐述。今后几十年，你作为一个社会人的生活，是想要过得更加充实，还是被羡慕、嫉妒、憎恨等负面情绪所包围呢？这完全由你自己来决定。

请大家务必从今天开始，对“人格”有所意识，尝试做一些力所能及的事情。这一定能给你带来某些变化。

要把“我自信”当作出发点

实际上，人格也好，人格魅力也好，其出发点都是“我自信”，否则我们就会让自己变得不安，而犹豫不定的状态也会给自己和周围的人带来负面的影响。

“我自信”——这是一个非常好的表述，不容易出现误解，但我担心的是，又有多少人真正拥有自信呢？

我接触过形形色色的人，其中也不乏一流企业的职员、部长级的领导者，但大部分人可谓是“对自己没有信心”的状态。

虽然很少有人承认这一点，但他们的言行已经明确地表现了出来：总是对自己的上司以及公司高层的态度表现得过于在意；虽然自己是社长，但几乎从未思考过这家公司将来要如何发展；经常对部下做出滥用职权的行为。（上司也会对他的上级表现得很在意。）

有的人对于工作内容的指示十分模糊不清，也不会耐心地在工作方法上给予他人指导，或者对部下的管理采取“放养”的态度，对业绩不佳的部下发自内心地认为其能力很差。总之，就是一直以“与人争吵”的姿态咄咄逼人，对他人抱以恶意。

自信的人，他们会表现得更加大度，从不会有想要故意刁难他人的念头。因为故意刁难他人、拍上司的马屁、参与派系争斗等，都是“不自信”和“内心不安”的表现。（“撒谎”同样源自不自信。）

这么做的目的无非是想向他人展示自己高高在上的地位，或者是为了生存而加入比自己更强大的群体。

在职场中，也常会弥漫着这样的氛围，让人以为这样做理所应当。然而，作为刚刚踏进社会的新人，大家实在没有必要在一开始就受其影响。

那么，**该怎样做才能让自己"拥有自信"呢？**所谓的"自信"又来自哪里呢？对此，我有以下3点建议。

1.消除内心的混乱状态。

无论是工作还是私人生活，一旦内心陷入混乱，就会影响大脑的思考。"到底出了什么问题？""针对这一问题是该采取行动，还是搁置一边？""要想解决这个问题，应该怎么做？"这些困扰我们的疑惑，会一直在头脑里打转。

只有认真思考并梳理这些疑惑，我们才能重新找回自信。

2.决定好的事情就要实际去执行。

能否在某种程度上掌握自己将来的命运，能否实际执行已经决定好的事情——这些也都与"自信"息息相关。

虽说不存在强化"自信"的方法，但通过一些行为确实能增加我们的自信心，"言必行"就是其中之一。

3.多与那些认同我们、善待我们的人打交道。

我们并非生来就拥有那么强大的自信。即便自己付出了努力，也取得了成果，但依然会被人否定或是责备我们没有工作能力。这些都会让我们备受打击。（参看第81页：你愿意与“谁”共享一段“什么样的时间”呢？）

另外，在个人成长的路上，如果能遇到认同我们、善待我们的人，就相当于让我们疲惫的身体，泡了个“温泉澡”一样。

大家今后都会一直保持成长，这是没有终点的一件事。而在此期间，我们主要和谁打交道，就显得尤为重要了。

何谓“依恋障碍”以及如何克服

在这里，我们有必要了解作为所有人际关系根基的重要事项。（职场上的心理问题呈现增多趋势。）

那就是所谓的“依恋障碍”。据以往的统计显示，每3个日本人中就有1个人有“依恋障碍”。据我的切身体会，实际的数字应该还要再稍多一些。

“依恋障碍”是源自家庭环境的一种心理障碍。

大多数人在出生以后，特别是头两年的时间里，大多是在母亲的母爱中成长的。但是，出于某些原因，一些人并非如此，这将会影响其今后的人格的形成。

有“依恋障碍”的人，其自我认同感很低，缺乏自信，内心有强烈的不安和无力感，总是在意别人的脸色，难以同他人结成深刻的人际关系，对人不信任，就像一个长不大的孩子，生活在痛苦之中。

因为他们内心受到了伤害，就会容易在情绪以及待人接物等方面出现问题，容易变成精神暴力、滥用职权或家庭暴力的加害者，抑或反之，表现出成为受害者的倾向。

失去的时间无法再挽回，但我们有方法改善“依恋障碍”的问题，那就是营造出一个“安全基地”。（要有一个能让自己获得安心的“安全基地”。）

找到能够尊重我们，认真倾听我们，从不否定而是称赞我们付出的努力，在背后支持着我们的人。这样的话，我们内心的伤痛才会慢慢得到治愈。

能否遇到这样一个能成为我们“安全基地”的人，也许真的靠碰运气吧。

因此，我们可以自己给自己营造出一个“安全基地”。例如，和志同道合的朋友聊天，互相有意识地成为对方的“安全基地”。

在成为对方的“安全基地”之后，就要一直耐心地倾听对方说话，不要打断对方，当然也不能去否定，要让对方能够安心地进行表达。这才是我们的出发点。

当你这样做时，也许担心这会非常耗费时间。其实，只要对方能安心地表达，在这样的心境下，倾诉的时间就会逐渐缩短。所以，不必太担心。

关于“依恋障碍”，在Facebook网站上有一个名为“重新找回自我！对付滥用职权、精神暴力和家暴者的方法”的非开放讨论组，建立于2017年1月，目前已经有超过4000名参与者。该讨论组里有很多真实的案例和建议，有兴趣的读者可以申请加入。

不要咄咄逼人，保持内心的安宁

还有一件重要的事，就是不要让自己变得咄咄逼人。但生活中总会遇到这样的人，即使我们没有招惹到他，他依然会来找碴儿。

这种人应该就如前文所说的有“依恋障碍”吧。即便如此，也不意味着这种行为就是被允许的。这不仅会让我们的心情变得很差，导致工作上出错，甚至还会让我们下次在对待别人时，也采用同样的恶劣态度。

这里有一些方法可以帮助我们避免这样的状况。

1.用5—6页A4纸分析那个人为什么会是这样的态度。

与其让自己陷入一腔怒火，不如通过这种方式，让自己冷静下来客观分析。当我们以客观的视角去分析后，才会看清其身上原本的不满、懦弱和痛苦，我们就会知道“啊！他真是个可怜的人啊”。这样一来，也能大大减少我们采用同样态度去回击的可能性。

2.阅读有关“依恋障碍”“发育障碍”“人格障碍”的书籍。

这能让我们了解他为何会变成这样的态度？为何在一瞬间爆发？于是，我们也就不会那么生气了。

3.试着进行“角色扮演”。

可以找3位关系好的同事一起进行“角色扮演”的演练（请参考第68

页的内容）。三人分别扮演“我自己”“咄咄逼人者”“旁观者”，通过轮换的方式把每个角色都体验一遍，这样能让我们更好地理解“咄咄逼人者”的心情。

“啊，难道是出于这个原因吗？”——说不定我们就会有这样的发现。一旦理解了对方，也就不想再生气了，同时也能避免自己犯相同的错误。

向他人学习的重要性

要让自己保持成长，就要向他人学习。这句话说起来简单，但以我的经验，真正能做到这一点的人，平均3个人里不到1个人，差不多5个人里才有1个人能做到。

真是非常令人遗憾的一件事啊。为什么实际做起来会如此困难呢？我想主要有以下几点理由吧。

首先，向他人请教问题时，我们总会觉得“输给了对方”“自己很差”“为了讨好对方”，这种强烈的胜负心导致自己不愿意去请教。这是一种典型的“没有自信”的顽固心态。

其次，就是把对方当成傻瓜，认为不可能从对方那里学到什么新东西，所以也就不愿意主动向他人学习。

即使我们在实际交流中没有表现出失礼的态度，但由于自己并没有真心在听对方说话，所以还是会把这种情绪传达给对方的。

最后，很多人单纯就是因为懒惰，缺乏对知识的好奇心，个人成长的意愿也不强烈，导致不愿意去向他人学习。

各位读者朋友，你是什么样的状态呢？以上有几点被我说中了？

能从他人那里学到东西是最好的，毕竟我们无须花费任何的费用。（与年龄大小无关，我们要承认对方身上的优点。）

对于新员工来说，公司里几乎所有人都比你年长且工作经验丰富。

因此，毫无疑问，在他们身上有很多值得你去学习的东西。但是，**在5年、10年以后，你是否愿意放下身段去向你的部下或者比你更年轻的人请教呢？如果你做不到“不耻下问”，那么工作就可能会碰壁哦。**

“人脉”一词的语病

“人脉”是我们经常听到的一个词，很多人从学生时代就开始热衷于构建自己的人脉了。（要特别注意那些总想构建“人脉”的人。）

不管自己岁数多大仍想扩张自己的人脉，为此忙于参加交流会或者线下见面会——我们时常能见到这样的人。

不过，那种拼命构建人脉的人，他们身上会表现出一种独特的氛围，我们要特别注意这一点。

他们会做出一些不值得我们尊敬的行为或表情。总是太具功利心，判断一个人就看其是否有可利用的价值，为了得到一张名人的名片而费尽心思等。

实际上，我们同他人见面时，仅仅互相交换名片，是不能将其称为自己的“人脉”的。只有双方都认同对方，并在必要的时候彼此能互帮互助，这才算是一种“人脉”。

去参加培训交流会当然是很重要的，但表面上搜集到的大量名片，也仅仅是数量上的一种积累而已。此外，像事后故意向对方发送一封过分虚情假意的电子邮件，或者为了给对方留下深刻印象而写亲笔信等做法，我劝大家都别去想这些旁门左道。

与其如此，**不如在互相见面寒暄后，接着说上10—15分钟的话，让**

对方产生愿意与你这个人多聊一些的念头。让这样的交流对象一点点多起来，才是比较好的做法。

我们可以当天就给这样的对象发送一封礼节性的电子邮件，在信中坦率地将我们对对方的印象表达出来。在此基础上，如果对方是特别优秀的人，我们还可以在信中表达出“想要与其再见面”的意愿。例如：“如果能与您再次相谈的话，我将倍感欣喜！”

即使双方年龄差距在5—15岁，但只要我们自己身上有闪光点，就能让对方关注到我们。经常使用LINE软件、智能手机的社交App以及Facebook网站，在Twitter上十分活跃，或者因特别擅长的事情而受到很高的评价等，都会自然而然地给我们带来“人脉”。（熟练使用社交网络，能增加自己的人气值。）

有一个在困惑时“能与其交流的对象”

任何事情都不可能永远一帆风顺。有时，我们困惑于不知道下一步该怎么办，也很难去找上司或前辈商量，同龄的同事其意见又没有多大帮助，更不可能去找后辈商量……

为了避免这种尴尬的情况，我们最好提前为自己物色一个“能与其交流的对象”，这将会非常有帮助，可以让我们的精神得到放松。由于对方是值得信赖的人，所以我们也更容易听取他的建议，而实际上这些都是很有益的建议。

那么应该怎么做，才能让我们找到这样一个在自己困惑时“能与其交流的对象”呢？

我建议大家按以下的步骤去做。

在自己身边的同龄人，以及年长5岁、10岁、15岁、年轻5岁的群体中，各找出4—5个人——要很聪明，而且说话坦诚且值得信赖。如果你平时经常参加一些培训会、交流会、演讲会的话，做到这一点应该不太困难。

如果当下你找不出合适的人选，也没必要特意去拓展自己的交际圈。因为，仅仅做这些表面功夫都是无用的。

例如，你今年24岁，那么你可挑选的群体范围就是29岁、34岁、39岁、19岁的人。在40—50岁年龄层的人中，也许也存在合适的对象。但是，尽量不要把年龄差拉得过大，这会增加你的难度。一提到19岁的群体，你可能会想到都是学生吧？是的，但学生群体中也有优秀的人啊。

那么，如何才能把这些优秀的人变成我们交流的对象呢？在每个群体中，按照可能性的高低顺序，单独邀请对方进行一对一的晚餐。如果年龄差距在10岁以上，我们也可以向其表示“请带着我一起参加聚餐（宴会）吧！”（要创造机会把对方变成我们的交流对象。）

在我们与其畅聊各种话题的过程中，说不定就能意外地发现我们与对方志同道合，并对对方的知识和见识产生更进一步的认同感。这样一来，不需要我们再多说什么，对方就会把我们视作一个可以交流的对象。

在每个年龄层中找到两名这样的交流对象就足够了。当我们有时陷入困惑时，就能够与这10个人进行交流。给其中一个人发送一篇详细但又不是太长篇幅的邮件，通过这种方式与其交流，也可以把这封邮件发给其他几个人。

在短短几个小时的时间里，就会有5—6名值得信赖的对象给我们回信，这样我们通过比较他们的回复内容，就能找出对自己有用的建议。

这样的交流对象，可以说是我们一生的宝贵财富。我们不仅仅能从对方那里获得帮助，也能给对方做出一些贡献。因为我们是把对方视作“可以交流的对象”，而在对方看来，我们也一样是“可以交流的对象”。

假如，你的后辈或其他人以类似的方式来找你交流，请务必给出积极的建议。说不定对方也是本书的读者，所以才运用这种方式来找你交流。

挑选这样的交流对象时，还有一个前提条件，那就是对方回复邮件的速度。（要重视那些“回信快的人”。）

我们在自己困惑的时候找对方交流，而对方如果等到三天后才回信，就毫无意义了。所以，我们最好挑选那些最迟也能在几个小时以内回复邮件的人，这样才不会增加我们的压力。以前，确实有很多人会很晚回信，但现今快速回信的人变得越来越多了。所以，我想这方面应该也不存在问题。

由于交流的内容相对来说会比较多，而且行文的语气也很重要，所以比起LINE这样的即时通信软件，用电子邮件的方式会更妥当一些。像在LINE上的交流，往往都是以简短的文字居多，难免会让我们的表达变得碎片化。

我个人认为，目前最佳的通信手段依然是电子邮件。但是，其也在逐渐发生变化。除了用邮箱发送电子邮件外，也可以通过LINE或Facebook的“站内信”等形式发送信息。所以，我们要根据实际的场合，做到随机应变。

不受周围的影响“坚持己见”

成为受人信赖的人也有一个前提条件，那就是做到不受周围的影响“坚持己见”。

在公司这样的环境中，每个人经常会遇到各种烦心事，同时还要十分留意上司的脸色。但是，上司自己也是会有所动摇的。因此在这个过程中，依然能够不被周围环境所影响，做到“坚持己见”的人才会特别受人尊重，并能获得他人的信赖。

那么，如何才能做到不受周围的影响“坚持己见”呢？

我有以下3点建议：

1.思考“如果自己是社长的话会怎样做”，并且每天在A4纸上做1—2页的笔记。

可以用一到两周的时间集中进行这样的练习，你将会切身体会到其产生的效果哦。

作为职员来说，很少有人会站在社长的立场上思考问题，所以这样一个看似简单的练习，却能产生大大的功效。

我们只需要在纸上写下“如果自己是社长，这样做工作的原因是什么？”“如果自己是社长，这样做能让销售额翻一番吗？”等类似的内容。然后再站在社长的立场上，针对这些内容进行几十次、几百次的思考。如此一来，我们就逐渐变得比谁都能更好地理解社长的心情。我认为除了用该方法外，几乎很难做到这一点。

也许，所有的人都能做到早起学习，但是，把自己放到“社长的立场”上去思考问题，并坚持在A4纸上做笔记，这可不是每个人都能做到的事情。非常令人遗憾的是，这恰恰是对自己来说最好的一个机会。（关于“A4笔记法”的做法，请参考本书第8页的内容。）

这样做，我们可以比任何人都先思考公司的大局，即便自己的实战经验不多，但仍能很好地发挥出领导能力。

我在进入麦肯锡公司的时候，关于公司的经营管理这方面是一窍不通，也从未站在社长的立场上去思考过问题。最初的阶段非常辛苦，但是通过几百次地假设“如果我是社长会如何去做”，让我很自然地掌握了相关的能力。

总之，坚持每天都把自己放到“社长的立场”上思考问题，差不多一年的时间，你就能掌握非常优秀的判断能力。与此同时，如果你还坚持做笔记，就能把这个时间缩得更短。请大家务必在入职公司的3年以内，掌握这样的能力。

2.将关于自己的公司名称、主要产品、竞争对手、主要客户、自己的工作等方面的关键词，输入到谷歌快讯服务中（请参考本书第99页的内容），数量在20个左右。（整个社会是如何看待自己所在的这家公司的呢？）

通过这个操作，你就能在每天早上的固定时间里，浏览过去24小时里发生的与之相关的新闻报道。你在上班之前，就能看到这些内容。

“你看过那篇报道没？”当被人问起类似的问题时，你便不会再表现得没有头绪。不仅如此，你还能比你的上司或前辈更详细地掌握与工作相关的最新信息。

虽然你还很年轻，但是已经能更好地发挥出领导能力，这会让你更有自信，工作起来更加游刃有余，遇到问题时也更能明确自己的思路——“这件事应该如何做”。

3.有条件的话，邀请5—6名同期进公司的同事，或者前后差了几年的同事，一起组建一个学习小组。

每周找一个时间，如在开工前或者周三下班以后，用30分钟左右的时间，就相关的最新技术、竞争对手的动向、自己的立场看法等进行讨论交流。

仅仅通过这一方法，你就能做到比任何人都坚定自己的想法。一旦你做到了“坚持己见”，就能形成一个良性循环，周围的人都会信赖你，工作也会逐渐变得有趣起来。

所以，请大家务必尝试一下。

第4章　要点回顾

□“能被人信赖”对工作和私人生活来说都是好事

□要重视“人格”的力量

□首先要做到“对自己有自信”

□日本人平均3个人中就有1个人是“依恋障碍”，这会大大损害自我认同感

□有意识地互相成为“安全基地”，能在一定程度上改善“依恋障碍”

□不要让自己变得咄咄逼人

□向他人学习也很重要

□构建真正的“人脉”

□从5个年龄层中各找出2名，在自己困惑时“可以交流的对象”

□不受周围影响“坚持己见”的人才会被人信赖

掌握受用一生的〝信息搜集能力〞

5

能让你在今后的时代中战无不胜的“知识武器①”

˝早晚各30分钟˝的信息搜集法

对于很多人来说，“拥有很强的工作能力”是非常重要的一个成长目标。

也许，有人会说：“不，我对自己的事业没有要求。我仅仅是为了生存，为了自己的兴趣爱好而为之。”不过，我相信正在阅读本书的读者朋友，肯定都是有上进心的人。

因此，我推荐大家务必采用“早晚各30分钟”的信息搜集法。

该方法的具体做法就是：**将与自己工作相关的内容，以及当下所关心的内容，都输入到谷歌快讯中（请参考本书第99页的内容），然后早晚各花30分钟的时间，集中精力阅读每天早上自动推送的信息。**

像这样，我们就能对行业竞争的状况、行业动向、成功或失败的案例等全都有所了解，从而将自己的工作扎实、顺利地向前推进。

˝早晚各30分钟˝指的就是利用离家上班前和下班回家后的30分钟时间。（给自己限定30分钟的时间，以提高搜集信息的效率。）

按理说，“搜集信息”应该作为我们工作的一部分，在上班时间内完成。但是公司的环境，实在是让人很难静下心来用办公电脑阅读每天的新闻报道。所以，我才会推荐大家在自己的家中搜集信息。

想象一下，自己连续忙碌了好几天，忙得没有时间看报纸和网上的新闻，终于闲下来后，打开电脑把积压了好几天的新闻都点开阅读。这时候，上司却突然出现在身后，说："喂，看来你很闲嘛，快去把这个任务做了！"然后交代一些新的工作或者毫无意义的杂活儿。

将时间限定在30分钟的理由是，我们想阅读的新闻会越来越多，有时用一两个小时都看不完。

看不完这些新闻就会导致我们内心产生"不安感"，焦躁的情绪也会随之上升。想阅读更多的新闻，肯定就会极大地占用原本的业务时间。这些"信息"说到底都是为了让我们顺利推进工作而去搜集的。所以，如果我们在这方面花费过多时间，就是本末倒置了。

有非常多的人会利用上班路上的时间，在手机上阅读新闻或博客文章，但是除了个别新闻内容外，我还是推荐大家利用台式机的大屏幕显示器阅读。

手机由于屏幕尺寸的限制，当我们在阅读内容时，很少会想再去阅读其他相关的新闻。读到非常优秀的博客专栏文章时，我们也不会产生去翻看往期内容的念头。（不过，用手机搜集信息的效率却是非常高的。）

当我们看到一篇非常好的新闻报道时，会在下面留下长长的评论并转发给自己团队的成员，希望他们也能好好地读一读。结果，由于手机所使用的系统限制，这些点评的内容都变成简短省略的状态了。

基于这样的理由，我并不推荐大家用手机搜集信息，甚至连平板电脑也不要用，就用台式机和大屏幕显示器就可以了。之前我用的是20寸的显示器，最近又换成了24寸的，这可是我十分珍惜的宝贝呢。

既然在上班的路上不能用手机搜集信息，那么坐在满员的电车中，我们又该做些什么呢？

我建议大家做以下4件事。

第一，就是学习英语，特别是名人的演讲、自己所感兴趣领域的教学视频、TED演讲的视频等，让自己集中精力去听这些内容。

第二，可以阅读电子书。虽然我平时基本都是看纸质书，但是在上班路上只看电子书。那些喜欢看一些经典名著、夏目漱石小说的朋友，可以多看看“青空文库”[①]中的内容，而且这些都是免费的。

第三，也可以阅读一些时事新闻。

第四，查看和回复自己在LINE或Facebook上的留言信息。

① 青空文库是将在日本国内著作权已经失效的文学作品，或者著作权虽未失效但其所有人允许网站上传的文学作品，搜集、公开的网上电子图书馆。——译者注

彻底运用好谷歌快讯

接下来要介绍的谷歌快讯，可谓是目前我强烈推荐的一款信息搜集工具。

AI（人工智能）、区块链、可穿戴计算设备等，我们可以设定好各种自己感兴趣的“关键词”，然后谷歌快讯就会将过去24小时内所出现的相关新闻内容全部推送给我们。我们甚至还可以设定只显示日语内容，同时也可以显示英语内容。

例如，我想阅读所有与“区块链”有关的新闻报道，就可以事先做出3个参数设定（事先设定好订阅的主题）：

· 包含有“区块链（Blockchain）”一词的所有日语新闻；

· 包含“区块链”一词的所有日语新闻；

· 包含“区块链”一词的所有英语新闻。

由于我经常为创业公司以及大企业提供相关的经营改革咨询服务，所以设定的“关键词”超过了100个。**对于刚刚入职3年的你来说，最好能设定30—40个“关键词”，以供自己每天早上阅读相关的推送内容。**到了晚上，就可以再用自己感兴趣的新“关键词”搜索相关的新闻阅读。

在谷歌快讯中即使只设定了30—40个“关键词”，其推送过来的新闻内容也是不可能全都看完的。

所以，我通常会采用以下的方法进行阅读：

1.每天早上，先打开收件箱，对来自谷歌快讯的通知邮件列表，大致扫一眼其标题内容；

2.找到自己关心度较高的“关键词”标题，然后打开这封邮件；

3.先从上往下看新闻的标题，点击自己比较关注的新闻进行阅读；

4.在每封推送的邮件中，一般只挑选出3—5篇新闻阅读；

5.此时，将那些优先顺序不那么靠前的推送邮件直接删除；

6.全部处理完之后，平均就能挑选出10—20篇新闻了；

7.把这些内容一口气看完，遇到不错的文章还可以将其在桌面上做一个快捷方式；

8.给自己关注的各个领域都建一个专门的文件夹，并将带有日期的快捷方式都放进去。

每周7天、一年365天都要坚持采用上述这一方法。

感觉有些困难吗？其实说难也难，说容易也容易，只要我们养成习惯以后，就不会是什么难事了。

与付出的辛苦相比，自己所获得的“信息的质与量”以及“自信心”都将是极大的。所以，我推荐大家都务必去做一做。

不过，在设定谷歌快讯的参数时，有一点需要大家注意，就是在设定参数的选项（Option）中，将显示新闻的数量由默认的“仅显示排名靠前的结果”，更改为“显示所有的结果”。否则，它每天就只会向你推送很少的新闻，导致我们会遗漏掉很多信息。

我之所以极力推荐谷歌快讯的信息搜集工具，是因为普通的新闻订阅服务会受到你偶尔点开查看的新闻内容的影响，最终导致推送过来的新闻也慢慢变了味儿。

所以，如果你只想追踪阅读与“关键词”有关的新闻，最好还是用谷歌快讯。它从不会显示多余的信息，还可以帮助你避开那些一不留神就点开的“煽情故事”或“故意夸大的新闻”。（善用能屏蔽多余信息的过滤系统。）

虽然在互联网上也有“RSS订阅”[①]等服务，但是其推送过来的博客文章链接，未必完全符合我们所要求的“关键词”设定。而在谷歌快讯中所设定的“关键词”，的确让我们的信息搜集工作变得更有效率了。

如果是要搜集英语新闻，有人也会推荐使用Reddit[②]，很重视海外动向以及对相关新闻的反馈的人，务必尝试一下使用这个网站所提供的服务。不过，这对你的英语能力有一定的要求。

---

① RSS订阅是站点用来和其他站点之间共享内容的一种简易方式，即Really Simple Syndication（简易信息聚合）。——译者注

② 一个社交新闻网站。——译者注

获得一手信息

在信息搜集时很重要的一点，就是不能仅限于搜集互联网上的信息。无论是为了验证网上这些信息的可靠性也好，还是为了解读其背后更深一层的含义也好，我们都必须搜集第一手的信息。

“一手信息”，就是指我们在“现场”、展览会、演讲会、研讨会、培训会等场合所获得的信息。

“现场”一词除了指事件或事故发生的场所外，也可以指进行研发的实际场所、商品被销售和使用的场所等。就像人们常说的那句话——“事件都是在现场发生的”，有许多“只能在那种场合环境下，才能明白的信息”，这就需要我们去亲眼所见才行。

“展览会”主要是指与自己所在领域相关的展览会，而且每年要参加3次以上为宜。

理想的情况是参加两次国内的展览会，再参加一次国外的展览会。在日本的话，像幕张展览馆、东京BigSight国际展示中心、东京国际论坛等场馆都会经常举办展览会，所以即使不在关东一带生活的朋友，也能找时间前来参观。若是能利用出差的机会当然最好，也可以利用休假的时间前来，这是非常值得的。（在海外旅行的目的地有没有展览会呢？）

此外，若你进入公司才几年时间，估计很难有机会被派遣到海外参加展览会。但是，如果你一直被动地等待公司的派遣，还不知道要等到猴年马月呢，也许要等到你40岁的时候。所以，如果你真的想获得成长，可以利用休长假的时间（一般是三天两夜），去参观在中国上海、旧金山、拉斯维加斯、纽约、伦敦、法兰克福等地举办的展览会，这会给你带来很大的激励。

至于费用方面，根据不同的情况要花10万—20万日元[①]。如果将其视作对自己的投资，每年去一次也是能够承受的水平。

查询展览会的方法，同样可以在谷歌快讯中输入相应的关键词阅读相关的新闻报道。通过阅读展览会的介绍，思考哪个是自己想去的，哪个是自己应该去的。

当你实际参加展览会时，不能光看展品。这些展览会通常都会邀请多位名人来做演讲，所以一定要查好这些活动将在何处举行，并事先阅读与之相关的5—10条新闻，然后再去参加，这样才会更有效果。

回国之后，最好还要能在自己的博客上，写两三篇相关的文章，以此强化自己的“问题意识”。

---

① 折合人民币6500—13000元。——译者注

主动进攻式阅读

一提到读书，就会有人表示“我没时间看书”“即使买了书也总是看不完，看了一点就搁在了一边”。

我是一个很爱阅读的人。以前，不管是在自己家中，还是办公室里，都有我买来的堆积如山的书。

对于喜欢看书的人来说，“阅读”本身就是一件能带来快乐的事情。同时，也有很多人希望通过“阅读”，从书中获得一些启示，或是借此让自己变得更成熟。

包括小说和纪实文学在内，我一直在从这些作品中搜寻对自己有用的养分。

但就其结果来说，这让我获得成长了吗？老实说，并没有。也许这能使我产生高涨的热情，却始终未能转化为之后的实际行动。与此同时，“阅读”占用了我的时间，经常导致我完全无法推进其他的工作。（就阅读来说，也应该是“质量”大于“数量”。）

也有很多人只是将“阅读”当成一项兴趣爱好，一种纯粹的娱乐活动。

当然，这样做也是可以的。但是，如果你想要有所成长或是想获得启示的话，我还是推荐大家多多阅读。

一直以来我都坚信：多读书、读杂书、积累阅读量是非常有益的事。我在上初中和高中的时候，就已经有这样的想法了，所以一到春假、暑假、寒假，我都尽可能地去看很多的书。

在走上社会以后，我给自己设定的目标就是“每个月看10本以上的书”。就这样，一直强迫自己坚持了10—15年的阅读。只要有时间就应该用来读书——基于这样的想法，我才会牺牲做其他事情的时间坚持阅读。

不过，现如今回过头来看，“阅读”并没有给我带来极大的好处，也没有让我学到什么有用的东西。以前我会毫不犹豫地去强迫自己留出“阅读的时间”，但现在想来，其实肯定还有更有效的时间分配方法。（每周给自己精挑细选一本书来读。）

“总觉得哪里怪怪的”“认为只要坚持阅读就是好事，这种想法似乎也不太恰当”——在我的头脑中，逐渐开始涌现出了这样的疑问。

从结论来说，我后来便不再要求自己去多读书、读杂书、积累阅读量了。而是，**每周只精挑细选一本书阅读，将其化作让自己成长的〝精神食粮〞。**

也许，“每周看一本书”对很多人来说很有难度吧？但是，对于那些真的很想让自己获得成长，并且愿意为此去坚持阅读的人来说，这个“量”应该就算是很少的了。

因为，想看的书实在是太多了，而且新书又在不断地出版。**即便如此，我们依然要限制自己，每周阅读的数量不能超过两本书，取而代之的是只挑选一本，然后仔仔细细、认认真真地读完就好，将其中的内容转化**

成我们自己的东西。

还有，有的人会一边阅读一边做笔记。我一开始也会在B6尺寸的信息记录卡片、大学的笔记本、报告用纸等上面做详细的笔记。

然而，做笔记这件事也是十分耗费时间的。不仅如此，所记录的内容事后也几乎不会拿出来再看。既然如此，我们到底是为了什么而做笔记呢？（要看清楚“读书笔记”这件事的性价比。）

做详细的读书笔记，这比起普通的阅读要花3—4倍的时间，除了耗时很长以外，还会感到非常疲惫。那些做事认真的人，还经常会一边阅读一边做笔记，从“投入与产出的对比”角度来看的话，好像有些不太划算。这可以说是一件“缺点”多于“优点”的事情。

而我的做法则是：在买回来的书籍上，**用黄色的记号笔画出重点内容，并把该页的一角稍稍折起，以供事后方便查找。**

这样一来，不仅阅读的速度不会受到影响，还能对重点内容留下深刻的印象，之后也能立刻找出相应的内容。

如果是借来的书，当然就不能在上面涂画了。所以对于我自己精挑细选出来的书籍，一般都是尽可能将其买回来。每本价格在800—1500日元[①]，每周买一本，这对于很多人来说，也是在经济可承受的范围内。

而且，我们可以将其视作一项投资活动，鉴于其将会带来几倍，甚至几十倍的回报效益，所以买书还是应该越多越好。

---

① 折合人民币50—100元。——译者注

至于电子书，大家只需要结合自己的兴趣和爱好去挑选就可以了。不过，其在标注重点内容的便捷性、快速浏览等方面，确实不如纸质书方便，所以我不太推荐。（但你可以像前文所说的那样，在上班的路上看电子书。）

关于“为了实践而阅读”的方法，我在《麦肯锡精英高效阅读法》一书中有详细的阐述，有兴趣的读者可以找来看看。

第5章　要点回顾

□早晚各花30分钟的时间搜集信息，推荐用台式机+大屏幕显示器的方式

□把自己感兴趣的“关键词”都输入到谷歌快讯中

□现场、展览会、演讲会、研讨会、培训会可以让我们获得一手信息

□要将“阅读”与“实际的行动”联系起来

掌握受用一生的信息和数值化分析能力

6

能让你在今后的时代中战无不胜的“知识武器②”

质疑所有信息

在上一章中，我向大家推荐了“早晚各30分钟”的信息搜集法，不过根据具体的情况，出于甄别信息的需要，我们必须对搜集到的所有信息都持怀疑的态度。

一篇文章中所写的内容既有可能是真的，也有可能是假的——我们要以一种质疑的态度去看待它。

即使写文章的人本身并无主观恶意，但人与人之间确实存在着思想上的差异，或者会在无意中犯下错误。有的则是对采访对象持有偏见，或者存在利害关系。

因此，**我们要对看到的所有信息都先抱以怀疑的态度，只有在确认其正确性后才能加以利用。**

这并不等于在说“所有人都是坏人”，也不是要让大家都变成一个“愤世嫉俗”的人。这和“开寿司店的人，只采购最新鲜的鱼用于做寿司”是一样的道理。

我只是想告诉大家，对搜集到的信息有必要进行甄选和辨别。

为此，我们要做到以下几点（确认信息正确性的要点）：

1.要第一时间去思考这篇文章是谁出于何种目的写的。

2.搜索同一作者的其他文章，看看其是否一直保持公正客观的写作态度。（有些人会一直或偶尔撰写不客观的新闻报道，所以我们只要多看几篇就能发现他的个人倾向。）

3.要思考自己是否与这篇报道扯上关系？这种利害关系是否影响了我们的判断？

4.舆论对这篇新闻报道的反应是怎样的？（如果这篇文章有问题，那么其他的博客专栏作者，应该也会就这篇文章写一些反驳的文章。）

比别人早一步分析信息

我们在拿到信息以后，最重要的事情就是要比别人早一步或两步分析信息。

这可未必是一件简单的事情，这里有几个窍门可供大家参考。

1.**提高自己的信息敏感度尤其重要。**（要对重要的信息有敏锐的“嗅觉”。）

信息敏感度低的人，即使面对同一个信息，也不会产生任何感觉。所以，在具体分析之前，我们先要解决这个问题。从感觉“啊！就是这个！”开始，逐渐地让自己对信息的“嗅觉”变得敏感起来，如“为什么会这样呢？”“这当中有些奇怪之处吧？”

要想提高信息敏感度，**我们要在平时就对任何事物抱有〝问题意识〞，最起码不能将我们感到疑惑的事情搁置到一边。**要通过互联网再搜索两三篇相关的新闻看看，或者是去请教其他人。这种看似不起眼的行为，能产生很明显的效果哦。

2.**一定要了解清楚这一问题或现象占整体的百分之几，学会用数字分析问题。**

这与之前介绍过的“全局观”（请参考本书第12页的内容）有关。这样能帮助我们在头脑中更好地理解各个事物之间的关系。

3.**把对疑问的思考以及得出的结论都记到A4纸上**（具体做法请参考本书第8页的内容）。

只用几个月的时间，我们就能积累30—40页的笔记，偶尔拿出来重新看一看。这能让我们掌握熟练分析信息的能力。与此同时，也可以反复运用PDCA工作法。

为了强化信息分析能力，应该怎样做呢？——将自己思考的结果，也都写到A4纸上。因为，我们在平时的工作中，几乎从不会主动思考这个问题，而一时兴起的思考，往往都不够有深度。

很少有人能利用空闲时间去深化自己的思考，但是“写成文字”确实是一种更好的方式。

在做笔记的时候，可以依次写出以下的条目：

· 到底发生了什么？
· 从利害关系者的角度，能分析出什么？
· 当事人（局中人）是如何考虑的？
· 从何时开始出现这种问题的？
· 原本应该怎么做？

通过书写做笔记的方式，我们可以在头脑中准确梳理自己的思路。不仅如此，我们还能以不一样的视角思考和总结问题，让我们的思考变得更加深入。

掌握数字，并用数字进行说明

要想掌握〝信息分析能力〞和〝数值化分析能力〞，我们就要做到在任何时候，都能掌握大概的数字，并能用数字进行说明。（该如何处理“数字”？）

平时我们经常做这样的练习，就能逐渐将各种数字记到自己的头脑中。即使没有特意去背，也能记住一些主要的数字。

例如，2016年，日本的总人口约有1.27亿人，其中30岁的人大约有140万人；全世界的总人口约有73亿人，其中伊斯兰教的教徒约有16亿人；美国的总人口约有3.2亿人，而中国有13.8亿人，印度则有13.2亿人等——这些数字在我们思考全球范围内的动向时，将会非常有用。

再如，日本的人均GDP为3.2万美元，1995年时位居世界第3，之后逐渐下降到了世界第26位——这同样也是很重要的数字。

此外，苹果公司或谷歌公司的总市值等也要记到头脑中，这能让我们更好地了解日本企业与其之间所存在的决定性差距。

如果你从事的是手机游戏行业，那么“独立用户数”“日活跃用户数”“翌日继续上线游玩率”等数字也是十分关键的信息。

根据具体的工作和状况，我们应该提前掌握了解的数字也不尽相同。因此，我们可以在A4纸上做笔记进行总结归纳，对于一些你觉得很重要的数字，也要及时地添加进来。

不过，记忆这些数字最好的方法，就是在与他人交谈的过程中尽可能地用上这些数字，才会在头脑中留下深刻的印象。而且，下次也能运用这些数字进行说明工作。（在会话中加入“××人”“××日元”“××%”等数字。）

学会浏览官网和相关新闻

另一个很重要的事情，就是**当你遇到不熟悉的企业时，请务必去浏览一下该企业的官网和相关的新闻报道，**并且要将此变成自己的一种工作习惯。

当你通过这种方式了解过几百家公司的基本情况后，自然会在工作中更具自信。实际上，这也有利于拓宽你的知识面。

遗憾的是，在某些企业的官网上仍有很多令人看不懂的内容。有时候，是企业故意想要模糊一些信息而为之；有时候，可能是企业对网络营销缺乏相应的理解，所以才会把官网做得那么不专业。

除了企业的官网以外，还要去查阅该企业的相关新闻报道，才能掌握其整体情况。

我会**将企业的名称、主要产品名、社长的名字等在网上反复搜索，将有用的新闻统统都阅读一遍。**如果你想了解该企业的相关信息，最好能集中用15—20分钟的时间进行阅读。当然，通常我们要查找的都是工作上急需的信息，所以可以在办公室阅读。

对于上市企业，可以通过“雅虎财经”频道了解其总市值、市盈率（PER）、过去3年的盈利等信息。比起企业的官网，通过这种方式，我们可以更深地了解该企业的真正实力。

像这样养成了工作习惯后，面对不熟悉的企业、不熟悉的概念，都可以立刻在网上进行查询，这个习惯将使你终身受益。

当然，如果你觉得这个信息很重要，值得后续保持关注，也可以将其输入到谷歌快讯（请参考本书第99页的内容）中。

第6章　要点回顾

□对所有的信息都抱以怀疑的态度，经确认后才能加以利用

□提高信息敏感度，能比他人早一步或两步分析信息

□思考到底出了什么问题，并将其记到A4纸上

□掌握大概的数字，并养成用数字进行说明的习惯

□每次遇到不熟悉的企业，一定要去浏览该企业的官网和相关的新闻

掌握受用一生的资料制作能力和表达能力

7

能让你在今后的时代中战无不胜的“知识武器③”

淡化“害怕写作的意识”

有的人很擅长写文章，有的人则在这方面比较弱。其实，我从上小学时开始，就一直很不擅长写作。我最讨厌的一件事就是写作文。

我在小松公司做工程师的时候，所幸并不会被要求写文章。然而，到了麦肯锡公司以后，自然对这种写作能力变得重视起来。

好在提交给客户的报告书并不需要很长的篇幅，只需要一条条地列出要点和谈话记录，然后梳理经营环节中的问题，并说清楚今后的具体对策就行了。

像这样的报告书，平均每月都要写一次，不知不觉间，我就掌握了撰写报告书的能力。但头脑中“害怕写作的意识”却从未消退过，这让我一直深受其扰。

从我自身的经历来看，这种“害怕写作的意识”会给工作造成很大的妨碍。

有时候，越害怕什么，就越会遇到什么。不仅如此，“害怕写作的意识”→没法写好文章→这种害怕的意识会进一步加强→对写作这件事表现出抗拒的心理，这样就会形成恶性循环。（“害怕做……”可被视作是一种精神创伤。）

明明是为了追求写作的能力，结果却产生出了“害怕写作的意识”，从而催生出了恶性循环——我们要特别留意这一点。

总之，这种“害怕写作的意识”并不能给我们带来进步，只能算是毫无益处的精神创伤而已。

我自己也没有找到有效的解决办法，只能是在不断且大量的写作过程中，一点点地淡化这种害怕的意识和抗拒感。

此外，**最好时刻提醒自己〝没有必要拥有妙笔生花的写作水平〞〝只要写出普通的文章就可以了〞。像这样，让自己在写文章时不要有太多顾虑。**

从头脑中闪现的内容开始写

在写文章时，我比较推荐大家的一种做法是“从头脑中闪现的内容开始写起”。

也许，很多人会对这一做法的正确性表示怀疑，但这样做的确能让我们的写作思路更顺畅地延续下去。而且，写起文章来会更加轻松，能让我们做到更加通俗易懂地表达。

有时，为了写好一篇文章，我们要花很多的时间：考虑文章的起承转合、思考这样写读者能否看懂、接下来应该写哪些内容……

如果我们像这样过于介意文章的结构以及起承转合，就会导致自己变成“写不出字来”的病态结果。（千万别患上“起承转合病”。）

例如，无论如何都写不出一行字来，尽管头脑中冒出了很多的辞藻，但总感觉与文章不相符，因此整个人都变得焦虑不安起来。

但从另一层面讲，我们也知道有些人并不会在意这些，他们总是表现得能言善辩。在同学会或公司的聚餐场合，那些颇受欢迎的人、对身边人颇具吸引力的人，他们总能没完没了地和大家聊天。

我就做不到这样，不知道是不是这个原因，所以一直也不擅长写很长的文章。

但是，最近我终于克服了自己的这个缺点，下面我就给大家介绍下具体的方法吧。

例如，你打算撰写一篇3000字的博客文章。

具体的做法就是，根据文章的标题，先想好4—5个小标题，然后在每一个小标题下写3—5个段落。

由于已经用小标题决定好了文章的整体走向，所以只需在各个小标题下写一点内容，通篇文章就会变得非常通俗易懂了。

对于那些擅长写作的人来说，用的肯定不是这个方法，但如果你是不擅长的那一类人，不妨试试我介绍的这种方法吧。通过这一方式，将有助于让不擅长写作的人，也能完成大量的写作工作。

1.决定好文章的标题。

2.想出4—5个小标题。

3.在各个小标题下撰写3—5个段落。

4.在写到预定字数后，重新通读整篇文章做一些修改：

·补强薄弱之处；

·删除冗长的部分；

·修正语法错误。

其实，我在写书时用的也是同样的方法。（在写作时，拥有“全局观”也很重要，请参考本书第12页的内容。）

沿着本书的中心思想，决定好各个章节的标题。然后在每个章节中想出5—8个小标题。这样一来，整本书的小标题就将有40—60个。接下来，再在每个小标题下，写5—8个段落的内容即可。

不擅长写长文章的我，用了两年多的时间才完成《零秒思考》这本处女作，到第二本书时用了半年时间，第三本书则只用了两个月。从第四本书开始，基本上我都是一个月写完一本。之所以能有如此高的效率，多亏了采用上述的方法。与此同时，我还会反复运用前文介绍过的PDCA工作法。（请参考本书第36页的内容。）

文章要尽量简洁

在实际撰写文章时，也有比较重要的注意事项。那就是，要尽量保持简洁。

例如，我们经常见到下面这样的句子：

◎“我们要尝试去思考，对于消费者来说，什么才是他们所期望的产品？”

在保持意思不变的前提下，其实写成下面这样会更加简洁易懂一些。

◎“我们要试着去了解消费者的需求。”

在写作的时候，我们经常一不留神就通篇使用了过多的指示性代词。这样不仅让句子变得冗长，想表达的意思也变得更难懂。

在你还不熟练的阶段，请恪守以下5个要点。这样能大大减少被前辈、上司用红笔勾画句子的情况哦。

1.文章要尽可能地简洁。（简短的文章才更容易传播。）

这一点要比大家原先所想的还要重要，甚至可以说，这是高于一切的原则。究其原因就是，“简洁”能让你的文章变得更加紧凑和通俗易懂。所以，自始至终都要注意这一点。

2.尽可能将动词都替换成名词。

将大部分动词替换成名词后，文章自然也就变得简短了。不过，如果做过了头，就会使文章中汉字的数量增多，导致读者阅读困难[①]。这种时候，保留原本的假名单词也是可以的。

3.少用一些指示性代词。

有时，文章中会充斥着一些多余的指示性代词。我也会一不留神犯这样的错误，在回头检查时又要将其大量删除。当我们养成习惯以后，也许能找到更好的、更自然的写作方法。

4.用“主语+谓语”写句子，复杂的从句只用一次。

使用从句会让句子变得很长，如果句子结构中的关系不明确，就很容易写出病句。在还不熟练的阶段，尽可能地不使用从句，使用简单的“主语+谓语”就行了，再用适当的连词将句子连接起来。

5.一个句子最多只写两行的长度。

无论是写博客文章，还是写其他文章，段落一长就会导致读者理解上的困难。我们在写的时候，就要注意保证句子通俗易懂，为此可能要花很多的时间去反复修改。

请大家试一试以上这些的方法。如果你有更好的写作诀窍，也请务必来信告诉我。我的邮箱地址是：akaba@b-t-partners.com。

---

① 此处指的是日语的场合，文章中会将大量的假名单词替换成汉字单词。——译者注

最开始可以拷贝前辈的模板

在我们还未熟练的时候，也可以拷贝前辈之前做好的资料。（事先也要确定好前辈的哪些资料可供参考。）

之前在介绍撰写电子邮件的部分就已经提到过了（请参考本书第65页的内容），而对于写企划书、报告书等资料来说，在公司内部、部门内部一般也都有固定格式。那么，我们只要模仿着去写就可以了。

我进入麦肯锡公司以后，就拷贝了几十种固定格式的资料和文件，以作模仿和借鉴之用。

对于固定格式的资料来说，如果我们对整个事情没有充分了解，是不可能写出什么内容来的。所以，在这种情况下，只能拷贝范文了。

此时，我们可以把文件复制到文件夹中以供参考，如果想把握整体内容，也可以将其打印成纸质稿，然后分类放到不同的档案夹中备用。（打印出来后要反复看，才能有更深刻的印象。）

根据不同的目的，我们可以从3—4个档案夹中挑选，大致参考一下过去的案例。

但是，在拷贝前辈的资料时会有一个问题，跟之前介绍“撰写电子邮电”的部分一样，那就是在一开始时，我们做出来的资料总免不了带有“拼凑感”。由于我们不可能找到与自己的写作目的百分之百匹配的范文，所以只能在桌面上摆上两三种类似的资料，然后将其东拼西凑到一起。

随着我们自己制作的资料越来越多，我们就能找到适合自己的固定格式，就可以将其用作工作中的模板（请参考本书第132页的内容）。

将思考的内容写成A4笔记

制作资料占据了许多人的大部分工作时间。可以说，能否熟练掌握这项技能，将会改变你的职业生涯。

我最初在这方面也表现得非常不擅长，但做了很多次，有了经验后，我终于掌握了制作资料的诀窍。

之所以不擅长，是我想写的内容不断地在头脑中浮现，又不断地消失，这般反复的状态，令人无法总结成文字。与此同时，整体思路也陷入了混乱之中。

另外就是没能从“全局”的视角来分析问题，章节结构和个别的分析怎么都无法完成。

要想解决上述这两个问题，就需要采用一个方法——“开始制作资料前，先做20—30页的A4笔记”（具体做法请参考本书第8页的内容）。

这个方法几乎适用于各种资料的制作。

1.把头脑中浮现出的应该写入资料中的问题点和解决对策，全都写到A4纸上；

2.在A4纸上做笔记时，完全不用考虑所谓的“先后排名顺序”；

3.以1分钟写一张A4纸的速度，连续写20—30分钟，感觉已经无话可写时就休息5分钟；

4.将写好的20—30页A4笔记铺放在一张大桌子上，按问题点、背景、竞争状况、解决对策等大致进行分类；

5.站在书桌前浏览这些笔记，将头脑中浮现出的内容再写到几张A4纸上；

6.一边浏览这些内容，一边再重新做20—30页的A4笔记，这一次要按照自己头脑中的思路来写；

7.写完后，再铺放到桌子上，将原先那20—30页的笔记整理好放在一旁；

8.再一次浏览所有的内容，将章节的结构、各章节该写的3—4个要点内容，填写到PowerPoint的模板里。

主要来说就是，**不要在一开始就用PowerPoint或Word写资料，应该首先将头脑中所思考的内容写成A4笔记。**

之所以要这样做，有一个很大的原因就是，我们的大脑虽然很擅长冒出一个又一个的想法，但如果说要事先想好结构，然后再根据这个结构往上添加内容，我们的大脑可就未必那么擅长了。所以，我推荐大家**先做A4笔记，然后将其摆放到桌面上，一边俯瞰全局一边撰写细节内容。**

我在麦肯锡公司工作的早期阶段还不懂这种制作资料的方法，每次坐在电脑前只会感受到很大的压力，在浪费时间的同时，工作也毫无进展。再加上我原本就不擅长写作，所以感觉在制作资料时非常束手束脚。

当然，也有那种能在头脑中准确把握全局的状况，无须上述的努力和准备工作，就能下笔成文。如果你是这样的人，那就无须参考我推荐的方法了（在第123页中所给出的建议，往往也没多大帮助）。

可能，这种人会觉得大家都是如此吧，所以，他们经常会说："制作资料很简单嘛，只要好好写就写出来啦！"他们也许并无恶意，但如果你真信了他们的话，就太不幸了。

普通人如果也想学他们的做法，肯定思来想去都写不出内容，最后才真正明白："嗯，那家伙真是厉害呢！"

学会自己制作模板

当工作一点点熟练起来之后，我建议大家最好自己做一个用于制作资料的“模板”。通过这种方式，不仅能减轻内心的工作压力，也能实实在在地提高工作速度。

“制作模板”并不是什么难事。**只需要将之前已经做好的、没有问题的资料文件，冠以“○○资料模板”的名字另存为一个文件即可。**

然后，再将封面、目录、各章节的摘要、正文页、访谈记录等内容，用“××”或“○○”进行替换。有多页内容重复时，可以大胆地将其删除。而且，要将原本的内容全部删除，只留下文档的结构。

像“○○调查报告”这类拥有固定目录格式的文档，就可以将目录及各章节的摘要等内容暂且保留下来，等之后使用时再做删改。

像这样，我们事先做好5—6种不同的模板，每次要制作资料时，就能立刻想到“啊，可以用那个模板”“这次就用○○模板吧”，这样就形成了一个良性循环。（建立一个属于自己的模板库。）

这种工作效率肯定会令你的上司也大吃一惊哦。所以，大家一定要在这方面多多努力。

撰写博客

如果想让自己在业务上不断地成长，良好的表达能力也是非常重要的。

锻炼表达能力最简单有效的方法，就是撰写博客。如果可以的话，你就用自己的真名来写。不过，也许有些公司不允许这样做。在这种情况下，你可以给自己取一个“笔名”吧。

现今有很多人从学生时代起就一直在写博客吧？对于没有这种习惯的人，我也推荐试着去写一写。在开始写博客之前，可以先做以下的准备工作：

1.先决定好自己最关心的领域；

2.将该领域相关的“关键词”输入到谷歌快讯中，并每天阅读推送的新闻；

3.积极参加展览会、演讲会等活动；

4.经常将自己的所思所想写成A4笔记；

5.寻找机会与志同道合的人进行交谈。

这样一来，你就逐渐积累了很多的写作素材，当时机成熟时，你可写的内容就有很多了。为此，你可以按照以下的步骤去做：

1.先想好自己想专注于撰写哪个领域的博客，并为自己的博客站点起个名字；

2.列出30个打算撰写的博客文章标题；

3.为最初的5个文章标题，分别想出4—6个小标题；

4.决定每周何时撰写博客；

5.将一篇博客文章的篇幅控制在2000—3000字；

6.将文章打印出来，对内容进行修改。

之所以要将文章打印出来，是因为这样更容易发现文章脉络不自然等问题。另外，也能更容易找出文章中的错别字。（错别字、丢字等问题，会影响文章的整体感觉。）

要想通过写博客更有效地传播自己的观点，最好一开始先发表30篇文章，之后理想的状态是做到每天一篇，如果你觉得比较困难，也应坚持以每周两篇或三篇的频率发表新文章。当你写完20—30篇博客文章并逐渐熟练了之后，只需用一个小时便能轻松写出一篇3000字左右的文章。写作对你来说，将不再是一件难事。

像这样，坚持写博客的好处还有很多。

你会变得更自信，自然也会获得极大的成长。由于需要经常搜索写作的素材，所以你**对信息的敏感度会变高，还能对某个领域有非常深入的了解。**对于其他事物，也会变得更加敏感。你将不再满足于“人云亦云”的状态，从而**磨炼你的分析力和洞察力。**

在博客的内容方面，不要选择那些宏大且晦涩难懂的话题，而是要写自己真正感兴趣的内容。例如，智能手机或LINE软件的使用方法、在Instagram（照片墙）上增加粉丝数的窍门、热门视频的拍摄方法、体育、音乐、时尚、东京拉面巡礼、甜品美食节等话题都可以写。

因为这些是你感兴趣的事物，所以才愿意付出超出旁人的努力，将其写成博客文章。这样一来，那些因为你的所作所为而关注到你的人，会邀请你去做演讲，你可以将这些经历继续写成博客，像这样一直循环往复，你就将变成这个方面的专家。

如果你所撰写的内容，又与你所从事的工作或事业直接相关，比如分析最先进的技术、优秀企业或者自己所负责业务的分析等，就更容易产生“一举两得”的效果了。

写好文章，然后发表到Facebook或Twitter上，同时也可以发表到邮件订阅组中。在你的博客网站上，除了文章摘要内容外，还可以设置供用户订阅邮件组的申请表单。最开始时可能只有几十个人订阅你的内容，但只要你坚持，有朝一日就会达到几万人的订阅量。

像这样，坚持不懈、认认真真地写下去，你就能够积攒大量的读者粉丝，而你在Facebook、Twitter和邮件组中发布的内容，就能被更多的人看到。

多做演讲

当你写出几十篇有见解的博客文章后，就会有人来邀请你做演讲。当着众人的面做演讲之前，也应用“A4笔记法”做准备工作。

虽说是“演讲”，但最初可能只是邀请你在一个10人左右的“学习小组”上发表讲话而已。对于这样的邀约，一定要欣然接受，并且认真做好准备。只有这样，你的“演讲舞台”才能拓展得更大。

即便是在你走上社会以后，就自己喜欢的或擅长的领域做一些公开的演讲，能让自己也更加深入地了解该领域的内容。听过你演讲的人，也可能会邀请你去做一些别的演讲。

在这种情况下，一定要事先准备好几十页篇幅的PPT，而演讲内容的丰富程度，甚至会让邀请者都大吃一惊。

坚持写博客并多做演讲，久而久之就会有出版社编辑来向你约稿出书了。

这种时候，也请不要多虑，让自己勇敢地接受这一挑战吧。这是完全无风险的一件事。

第7章　要点回顾

□没必要要求自己有“妙笔生花”般的写作水平

□不要纠结于起承转合，从头脑中闪现的内容开始写起

□文章要尽量简短，句子要尽量简洁，少用指示性代词

□最开始时可以完全拷贝前辈做好的资料

□动手制作资料前，先做20—30页的A4笔记

□自己制作并保存资料模板

□坚持撰写博客

□多做演讲

掌握受用一生的时间掌控能力

8

如何分配你的“时间”？

如何利用好每天的24小时

对任何人来说，一天都只有24个小时。但是，关于这一天时间的充实度和利用率等，却是因人而异的。因此，我们每个人都必须好好思考“想要以何种方式去生活”。（如何利用时间，也是个人价值观的一种体现。）

我从孩童时期就很喜欢建筑机械，尤其是推土机，所以总是花时间埋头制作模型。用木头削出一定形状后再进行涂装制作成电动赛车，抑或对遥控赛车的无线电线路进行改造。

在那个年代，说起“建筑机械”的话题，肯定就离不开小松公司了。所以，自大学一年级时起，我就好像把“进入小松公司就职”当成了自己的目标。只是，当时我自己还没有意识到这一点，还是后来听朋友们都这么说的。

正因如此，我一毕业就进入小松公司，开始了在工厂一线的研修生活。每天下午5点钟下班后，一直到晚上7点的这段时间里，我仍在工厂里走来走去，专心致志地查看车辆的底盘、引擎和水箱等部件。此外，我还借来了建筑机械的操作说明书、维护保养手册等资料，拿到宿舍里研读。

后来，我在工作上也是“火力全开”，获得了公司提供的职员留学资格，有幸进入斯坦福大学深造，这才有了跳槽到麦肯锡公司的机会。

再后来，我又从麦肯锡公司离职，开始了创业生涯，依旧是一副

"全力奔跑"的姿态。

我的工作节奏和工作量，都在尽可能地不断提高。

能够做自己想做的事情，所以内心的满足感特别强。但是，如果工作进展不顺利，也全都是因为自己的问题——我就是一直生活在这样的环境中。

幸运的是，我完全没有感觉到疲惫，所以一天24个小时都安排得满满当当，而且我认为没有必要特地空出休息的时间。

但是，这样的生活方式在大部分人看来是非常愚蠢的，或者说是非常不科学的吧？

当然，这一切都是我自己做出的选择，所以也就不必在意别人的看法了。

当我像上面所描述的那样去工作和分配时间时，每一天都过得非常充实。因此，我在这里想告诉给各位读者的是"的确存在这样的活法"。

无论你的价值观如何，至少作为一个社会人来说，在最初的几年里，都应该尽自己最大的可能去利用好每天的24个小时。（本书会从各种视角分析如何利用好时间。）

这将成为你一生的财富。

立即着手去做〝应做之事〞

在掌控时间这方面，最有效果的做法应该就是：立即着手去做〝应做之事〞。

不善于掌控时间的人，要么在开始行动上慢半拍，要么做事拖沓，要么就是在中途中断好几次，因此工作效率低下，总是做不完手头的工作。其中，总是比他人慢半拍才开始工作，是实际工作中最大的一个影响因素。

特别是，这会大大影响上司及周围人对你的印象。

虽说，我们不必特意向上司溜须拍马，但也不能给对方留下“不靠谱”的印象。

立即着手去做应做之事，我推荐大家做到以下4点（“立即着手”的4大要点）：

1.对于已经决定好的工作，即使离最后期限还有时间，也要立即着手去做。

有的人在工作时，总是喜欢拖延，直到最后一刻才开始。这样的话，就会遇到各种无法挽救的问题“啊！缺少必要的数字”“这好像要比预想的更费时间”。

2.比起仔仔细细地工作，最好先设定一个大致的目标。

不管什么工作，只要先让自己仔仔细细、认认真真地去做就好了——有的人依然还抱有这样错误的想法。实际上，我们最好先设定一个大致的目标，然后再拆分成各个细节内容。这并不是在浪费时间，而是十分必要的环节。

3.对于需要询问他人的事情，应立即去问。

工作上有些事情需要询问他人的，一定要立即去问。令人意外的是，很多人却总想着自己想办法解决。

究其原因，可能是自己曾经笨拙的提问方式，导致遭上司训斥了一通，或者曾受人欺负而产生了心理阴影。但从公司的角度来看，你这样做无非就是在浪费时间。

对于自己应该完成的工作，一旦中途遇到了不清楚的地方，就应该立即去请教他人。

4.坚持完成每天的信息搜集工作。

如果每天在信息的搜集上都有所懈怠，就会导致工作总是无法正式开始。因为，你不能掌握整体情况，也就不能提出准确的假设。每天坚持搜集信息，才能将工作顺利向前推进。

怎么样？其实以上内容都属于“日常习惯”的范畴，但你坚持做并做到了，就会给你带来非常棒的结果。所以，还请大家务必尽早这样去做。

要做到决定了就毫不犹豫地执行

在得出结论之前，我们可以进行各种各样的讨论。**一旦做出了决定，就要毫不犹豫地执行——这也是掌控时间的一个关键点。**

做出决定以后，仍在那里犹犹豫豫、磨磨蹭蹭，就是在浪费时间了。

然而，依然有不少人没办法做到“决定了就毫不犹豫地执行”。

明明已经决定好了，却不愿意去执行的人；即使有结论了却仍心怀疑虑去执行的人；对已经决定了的事情，虽然没有特别疑惑之处，但执行起来却总是拖拖拉拉的人；做出决定并开始执行之后，总想着一边休息一边做工作的人——我实在是难以理解这些人。

如果在实际的执行中确实遇到了困难，就应该回过头来重新修正工作的指导方针，而不是在那里磨磨蹭蹭、嘟嘟囔囔。

我想在大家身边应该都有这样的人，说不定，你的上司或前辈就是呢。但是，请大家千万不要学他们的做法，一旦养成这种坏习惯（癖好），会让你的工作大大受阻。这些“坏习惯（癖好）”实在是没有其逻辑上的必然性可言。

不管遇到什么问题，都不假思索地认为“应该那样去做”——差不多就是这个样子。

“坏习惯（癖好）”真的是非常恐怖的一件事。就好比大家平时走路的姿势，应该都是在10岁之前就已经定型了，现在和今后都会这样一直保持下去。并且，也包括你的说话方式等，都是这样的。

然而，错误的走路姿势、说话方式等就相当于是你的一个“坏习惯（癖好）”，而不能视作所谓的“个性”。

那么，怎样才能做到“决定了就毫不犹豫地去执行”呢？

我建议大家做到以下4点（做到“不再犹豫”的4大要点）：

1.把“决定了就毫不犹豫地去执行”当作自己的行事原则。

这一点可谓“说起来容易，做起来难”的典型例子。因为“习惯”或“癖好”会给我们带来极大的影响，所以大家一定要确定好自己的行事原则。

2.在做出决定时，就要意识到应毫不犹豫地去执行。

做出决定后，又变得犹犹豫豫——这往往是由于“做决定的方式”太轻松随意导致的。要将“自己通常会在什么情况下表现得很犹豫”写到笔记上，并尽力去排除这种干扰。

3.在做决定时，要以“周”为单位想好“必须达成的目标”和“具体内容”。

这一点是最有效的做法。之所以会犹豫不决难以执行，就是因为我们不明确自己每周要完成的任务内容，所以容易被“忙碌”的表象所迷惑，总感觉“今天就这样吧”，然后不断地把工作向后拖延。这种状况，与其说是犹犹豫豫，倒不如说是执行力出现了问题。

4.多结交伙伴，互相监督执行的状况。

要想靠自己一个人的力量养成新的习惯，并非说的那样简单。所以，我们可以让自己的朋友也读一读本书，然后大家一起互相监督各自的执行状况和工作效率。从他人那里获得刺激是最佳的做法。（多结交一些能共同进步的朋友。）

怎么样？你还觉得“决定了就毫不犹豫地执行”是一件很难的事情吗？

集中注意力能提高时间利用效率

各位读者在“集中注意力”这件事上都很有信心吗？我自己在这方面可是完全没自信的。到底是有多糟糕呢？可以说，从中学开始直到今天，我都很难将自己的注意力集中在一件事情上。（由“难以集中注意力的我”想出来的办法。）

读书的时候，我总是同时将三五本书一起读，很难专心致志地去看完一本书。开始学习或工作后，最多10分钟我就会去翻日历、翻没看完的闲书，或是到网上搜索一时兴起想起来的某个词。

由于我深知自己没办法集中注意力，所以取而代之就转为依靠〝工作速度〞和〝同时执行多任务〞的生存方式。

“工作速度”，就是我在第2章中已经提过的“3倍工作速度”，而“同时执行多任务”就是指能毫不混乱地同时做多个工作或看多本书籍。（不给自己留出在网上闲逛的时间。）

不过，如果你要写博客或写书，这样的工作方式并不能带来好的结果。

我在经过各种努力，并经历过各种失败的挫折之后，终于找到了适合自己的几条强化注意力的对策。说起来挺不好意思的，其实都是些让人听完会感叹“竟然还有这种方法？”的内容，但对我来说，确实是非常大的一个发现哦。

总结成一句话就是“切断互联网”。

一般来说，我们都是用笔记本电脑处理工作，每天要查收几十甚至近百封电子邮件，还要在Facebook上发送相当数量的信息。此外，每天谷歌快讯还会给我们推送80—100条最新的新闻邮件。

所以，无论怎么说，互联网都是我们保证工作效率和速度必不可少的工具。但是，在最近这一年里，我只在写博客或写书的时候，才会断开互联网。这让我的写作获得了很好的结果。

不管是无线网还是有线网，都要断开。理想状态是能断网1个小时，不过我通常是刚过30分钟就忍受不了了，赶紧又连上网查收邮件和消息。

通过这个方法，我完成了此前一直拖延的博客文章，写书的速度也获得了大大提高。

由于每个人集中注意力的方法都不尽相同，所以还请大家多加尝试为宜。

虽然我自中学以来，就一直有边听音乐边学习的习惯，但其实我们的大脑构造不能同时处理多个任务。所以，我并不向大家推荐这种“一心多用”的工作方式。（“一心二意”，是非常没有效率的。）

所以，关键就在于如何不让自己的注意力转移到其他事物上。

快速搞定

在进入社会以后，经常有人把“优先顺序”这个词挂在嘴边。一般来说，人们大多用“2×2矩阵”（请参考本书第13、14页的内容）决定优先顺序。

在此基础上，重要且紧急的事情肯定要最优先去处理，而既不重要也不紧急的事情，就可以向后顺延了。

但问题是，对于〝不重要却十分紧急的事情〞或者〝很重要却并不紧急的事情〞，也同样会被顺延对待。即便是业务非常熟练的人，也很难完成所谓的“紧急任务”。

例如，原本要完成一份企划案，需要在两周后提交，但是我们却总是一天天地拖延，结果就是不得不在截止日期前3天的时候，才急急忙忙地着手去做，导致根本没时间去完成“前期访谈”和“内容讨论”的工作。最终写出来的只是一份质量非常低劣的企划案。

我也一直是这样的状态。即使已经明确了相关工作的优先顺序，仍然会受到各种状况的干扰。

但是，从不久前开始，我产生了“这也是某种必然吧”“即使花了心思，也仍然避免不了这种情况”这样的看法。于是，我试着改变自己的做法，结果大大减轻了自己肩上的压力，同时还使自己的“输出”内容有所增加。所以，我想将自己的做法介绍给各位读者。

开门见山地说就是：与其关心“优先顺序”，不如“快速搞定”。（要弄清楚在什么工作上花费了多长的时间。）

很多人曾来向我请教工作的方法，但在实际观察过后，我发现他们在工作上都存在着太多的“无用功”。

他们在正式着手去做之前，往往浪费了太多时间。开始之后，又表现得犹犹豫豫，途中碰壁后就那样停滞不前。这样一来，之前所谓的“优先顺序”又有何意义呢？这才是根本问题。

只要不再浪费时间，也就没有必要思考所谓的“优先顺序”了。

与其投入大量时间思考“优先顺序”，不如想想能否以惊人的速度来完成工作呢？（比起“优先顺序”，更应该关注“工作的速度”。）

我希望大家能明白，比“优先顺序”更重要的其实是“工作的速度”。

反过来说，我们应当多花些精力思考如何掌控和提高“工作的速度”。然而，我们却总是拘泥于对“优先顺序”的考量，难以摆脱其带来的困扰。

我们不得不首先去处理那些“并非十分重要，却很紧急的工作”，而对于“虽然很重要，但不需要今天就处理的工作”，往往就倾向于一天天地向后拖延。那么，如果面对的全都是“重要但不紧急的工作”，我们就又会遇到一个很现实的问题：到底该把哪一项工作向后拖延呢？

如果有读者在这方面非常有自信或者能做到应对自如，也请来信教教我吧！

不要留到明天再做

“一心扑在工作上的人就是个失败者，相比之下应该更关心自己的私人生活”——基于这样的观念，很多人会选择把那些“不太紧急的工作”留到明天再做。

我想，各位的前辈中也肯定会存在持“明天再做也来得及”这样观点的人吧。

但是，这样做真的好吗？对于那些为了生存，无奈必须完成手头工作的人自不必说，但对于刚入职未满3年，真心渴望自我成长的人来说，应该还有另一种“思维方式”，那就是**“即使是可以留到明天的工作，也依然要做到‘今日事今日毕’”。**为什么这样的态度很重要呢？我认为有如下几个理由。

首先，**从精神卫生的角度来说，这是非常有益的。自己有着强烈的主动工作、主动进攻的感觉，而不是被工作追着跑。仅靠这一点，就能产生自信和强烈的自我认同感。**（自己有了“主动进攻”的感觉。）

其次，由于我们更早地着手去工作，所以能更早地获得必要的信息，从而让我们的工作推进变得更加顺畅。同时，还需要获得他人的协助，以及上司对相关内容的确认。

最后，由于第二天要做的工作减少了，所以能让我们保持一个积极的状态，也能腾出手处理那些原本打算往后拖延的工作。

不过，很重要的一件事是，千万不要因此拖长自己的加班时间，导致最后拼命去赶末班电车。

偶尔为之是可以的，但应该尽可能避免超出自己体力的极限范围。

晚上8点或者最晚9点离开办公室，回家冲个澡放松一下，给自己换换心情，这样才能有更持久的战斗力。

有的人是绝对不会将工作带回家的，即使是周末时间也不愿意被工作所占据，但是我对此持保留态度。因为，这样一来，你将很难收获成长，而且反过来，工作上的压力会变得更大。（不要将自己ON和OFF的状态划分得太过清楚。）

即便是与日本人相比不会那样拼命工作的美国人，在离开办公室后，继续在家办公的情况也并不少见。

给自己留出反思的时间

在掌控时间方面，我还有另一个想推荐给大家的方法，那就是在一天和一周之中，要给自己留出“反思的时间”。（请参考第162页内容：你在临睡前都有哪些习惯呢？）

利用睡前10分钟的时间，对过去的一天进行反思就足够了。

今天做成了什么事情？又做失败了什么事情？对于失败的事，明天又该怎样做呢？从中期角度来看，自己是否有所成长和进步呢？工作的方法是否也有所改进？可以将这些问题的答案，写成几页A4笔记。

像这样反思就已经足够了。这不仅能让我们整理自己的情绪，也能减少让自己分心的事情。

—A4笔记法示例⑦—

对今天的反思

2017-04-01

·预计的资料制作工作完成得如何？

·原本打算去向前辈请教，但时间不巧有冲突等明天午休的时间再去吧

·由于部门要举行内部聚餐，所以学习英语的时间就只有

30分钟

· 可以利用明天早上的空闲，弥补学习的时间

同样，每周也都要留出时间，对过去的一周进行反思。

大家可根据自己的工作和每周的安排，决定在星期几做这件事。不过，如果是有周末双休的读者，我建议大家可以将反思的“工作”留到周五晚上做。

因为，周五晚上可以对过去的一周进行反思，如果时间不够，还可以利用周六、周日继续。总之，这是让我们更简单、更准确地修正轨道以及改进应对措施的好事。

无论你给自己订立何种计划，周一的早晨都是最令人手忙脚乱的。你可能会突然受到上司的指示，也可能被问“那个工作完成得怎么样了？”……所以，你肯定无法让自己静下心来，对先前计划的内容或是对实施的状况加以确认。

所以，为了让下一周的工作都能顺利地展开，最好是在周末给自己留出反思的时间。（稍作停留，反而能提高速度。）

第8章　要点回顾

□在走上社会的最初几年里，要最大限度地利用好每天的24个小时

□对应做之事要立刻着手去做，即便离最后期限还有时间，也要立刻开始

□决定了的事情就要毫不犹豫地执行，为此掌控好时间才是关键

□“集中注意力”能让时间的利用效率成倍增长

□与其关心“优先顺序”，不如“快速搞定”

□即使是可以留到明天的工作，也依然要做到“今日事今日毕”

□在一天和一周里给自己留出“反思的时间”

掌握让一生更加充实的激励管理能力

9

调节自己的身心状态

始终保持积极的心态

怎样才能让自己一直保持“积极”的心态呢？整个人处于“积极”的状态，确实会让人感到快乐。而这种乐观的状态，又会给周围的人带来正面的影响，从而受到大家的欢迎，而且还会更有自信。

拥有了自信，我们工作时的动力就会高涨，能完成各种各样的工作。甚至，还会愿意去挑战自我的极限。心情自然也会变好，很少再出现“因为他人的一句话就暴跳如雷”的情况。当然，也不会再陷入“自我厌恶”的状态，所以总是能轻松地去工作，获得成长和进步，并且能够胜任更重要的工作，私人生活方面也将变得更充实。

要想保持“积极”的心态，主要有以下4个关键点：

1.尽可能消除内心混乱的状态。

在之前的章节中，也提及了这方面的内容。我们每次内心感到混乱时，可以通过“A4笔记法”来厘清自己的思路。当我们在头脑中对事物进行梳理时，有时会很顺利，有时却会没有头绪。这种“没头绪”的状态，就会让我们感到内心混乱。此时，最好的方法就是将其写出来（关于“A4笔记法”请参考第8页的内容）。

2.尽可能不要被工作追着跑。

当我们被大量的工作追着跑时，要想再保持积极的心态，可就没那么简单了。就像本书中向大家推荐的做法一样，我们应尽可能提前一天把工作完成。与此同时，还要提高自己的工作速度，并寻求或者接受他人的帮助，尽量不要去做一些毫无意义的工作。这样一来，就能大大避免发生“被工作追着跑”的情况。

3.即使内心的状态不够积极，也要装作积极的样子。

我们的内心与身体并不是完全独立的。身体的行为举止，同样会给内心带来刺激，这是非常自然的现象。因此，当我们表面上装作积极的样子时，也就是身体完完全全表现出积极的状态时，我们的内心也会随之变得“积极”起来。

4.不要一直忧心忡忡。

如果你想每天都过得快快乐乐的，如果你想让自己一点点地不断成长，那么，最好不要总是一副忧心忡忡的状态。个人是否处于忧心忡忡的状态，将会在成长的速度上体现出2—3倍的差异。

话虽这样说，还是有人会不由自主地感到忧心忡忡，也有人会表示“自己就是这种性格”。

但是，请大家仔细想一下，无论你忧心忡忡与否，你所担心的事情都不会因此受到任何影响啊。

对出现的问题进行梳理，然后思考该如何去应对，做好万全的准备之后再去执行——这样的做法我想大家都是认同的。只不过，大部分时候我们却并不是照这样去做的。

既然忧心忡忡是毫无意义的一件事，何不让自己摆脱这样的状态呢？我们可以运用的主要有以下两种方法。

第一，请大家反思一下：自己身边有没有那种完全不会忧心忡忡的朋友或同事？按照以下标题将他们与自己进行对比，然后写成“A4笔记”（让你摆脱“忧心忡忡”的A4笔记）：

· 他们为何不会表现得忧心忡忡呢？

· 他们一般会在什么时候才会忧心忡忡？

· 他们是用何种情绪来代替忧心忡忡呢？

· 他们从不忧心忡忡的结果，是能把工作顺利向前推进呢？还是不能？

· 为什么他们没有忧心忡忡却依然能很好地完成工作？

· 在忧心忡忡的状态中，是否存在有益之处？

· 经常忧心忡忡会导致什么样的结果？

用8分钟的时间，将这些内容写成8页A4笔记，说不定你的想法就会有所改变了呢。如果你还想到了其他的标题，也可以继续往后多写几页。

忧心忡忡的状态，可以说在任何时候都是毫无意义的，这只能算是个人的一种习惯或者癖好而已。

另一个方法，就是找两位朋友一起做之前介绍过的“角色扮演”。只需要花几分钟的时间，就能让你产生很多新发现。具体做法就是，三个人分别扮演“自己”、忧心忡忡的朋友以及旁观者。每一轮都先用3分钟的时间，去询问朋友为何会感到忧心忡忡？并给出自己的建议。

扮演旁观者的人可以将发现的4—5个问题点记到笔记上。3分钟的角色扮演环节完成后，就进入2分钟的反馈环节，由旁观者给出相应的反馈意见。而扮演忧心忡忡的朋友和“自己”的人，也可以各自发表自己的感想。

然后，以5分钟为一轮，再顺时针互相交换扮演的角色。这样的话，一共用时15分钟，就能让每个人都体验一次这三个角色。

在这个方式中，我们就能以不同角色来做以下的事：

· 朋友忧心忡忡的原因，并给出自己的建议；

· 自己忧心忡忡时，朋友来询问原因并给我们建议；

· 站在旁观者的立场观察二者的表现。

所以，请大家务必都来尝试做一做。

你会发现：忧心忡忡的状态真的毫无意义，这是非常愚蠢的一件事，自己今后再也没必要忧心忡忡了。

对付失眠的方法

（你都是在什么时候会睡不着觉？）

你是否有过下面这种情况：当自己还不熟悉工作的内容时，当与上司、前辈相处不快时，当私人生活方面遇到不如意的事情时，虽然身体感到很疲惫，但就是睡不着觉。

这种时候，我们该怎么办呢？

我想，每个人都有自己的应对方法，比如“数羊”什么的，而下面要介绍的内容，就很适合那些饱受“失眠症”困扰的读者朋友。

某位30多岁的女性，在自己的孩子还很小的时候，就与丈夫离婚了，工作和生活两方面都不顺利。她的朋友了解这些情况以后，建议她试一试“A4笔记法”——在自己睡不着觉的时候，就写几页笔记。通过这个方法，她终于能安稳地睡个好觉了。

我们遇到烦心事的时候，即使闭上了眼睛，整个人还是处于清醒的状态，所以就会睡不着觉。这种时候不如从床上起身，将自己的烦心事写到几页A4纸上，反而会更有效果。我自己就有过好几次这样的经验。

写出来以后，内心所烦恼的事情就清清楚楚地呈现在了我们眼前，我们就能知道“这件事不值得焦虑”“那件事应该这样去处理”或者“即使焦虑也毫无帮助”等，自己的内心很自然地就会平静下来。请大家务必试一试哦。

虽然，临睡前适量喝点酒也是可以的，但靠酒精的作用助眠，会对睡眠质量产生影响，所以并不值得推荐。

别让自己变得情绪化

这与你是不是新人完全没有关系。但是，若你能趁自己年轻时就明白这一点，将会使你终身受益，并且能大大减少令你厌烦的事物。

当遇到令自己厌烦的事物时，普通人的反应一般都会变得比较情绪化。

所谓“情绪化”，就是指容易表现出愤怒、非常不高兴等极端情绪状态。有时，这还会演变成对对方出言不逊，并使事态进一步升温的情况。（“变得情绪化”是指什么样的状态呢？）

另外，有的人非常不喜欢这种口舌之争，所以想要尽力“控制自己的情绪”。然而，这也是很痛苦的一件事。一直这样压抑情绪的话，会让脸部的表情变得僵硬，还会引发身心问题。

我给大家的建议是，最好从一开始就不要让自己变得情绪化，这并非是要大家强迫自己忍受，也不是要抹杀自己的情感。

而是，当你受到他人的责备或欺负时，**不要一瞬间就像〝烧开的炉子一样〞情绪发作，而是要在心里想一想：〝什么？那个人怎么了？为什么突然说这样的话？〞——以一种好奇心去看待眼前的事。**

这样一来，我们就能清楚地意识到对方的愚蠢程度和器量——“嗯，原来如此。”“应该是碰到什么不顺心的事情了吧？”“原来他是对自己没自信哪，所以才会这样，故意装蛮横欺负别人。”

如果我们自己也表现得很愤怒，岂不是跟对方一样傻了吗？

所以，不要想着去对抗对方，先试着像上面所说的那样去做（试着客观分析那些处于“情绪化”状态中的人），也就是“抱着好奇心去观察对方”。

不要抱怨，而是要想：“他之所以突然发火，一定是因为遭遇了什么不幸吧？”

这并不是对自己内心的一种训练。仅仅是以一种好奇的心态，去客观地观察和分析那些“正在做傻事的人”。

要对＂成功的状态＂有明确的意识

不论我们做什么，都要对“成功的状态”有明确的意识，这一点很重要。

当然，我相信几乎很少有人会把这当作一种习惯，那么，就请大家从今天开始，反复这样去做，并将其化作自己的习惯吧。

变成一种＂习惯＂，也就意味着可以毫不费力就自然而然地取得良好结果。也可以说，这是能让你很自然地获得成功的“习惯”。

仅仅是在自己的头脑中反复思考“成功的状态”是没有用的。我想，有相当一部分人喜欢一边泡澡一边思考自己“成功的状态”，但是，这样做并不能加深我们的印象，只能是百思不得其解。

我们一定要将其写到一页A4笔记上，并张贴到办公室和自己家的桌子上，也可以复印一份装到公文包里。即便可能会被同事嘲笑，也要这样去做哦。

—A4笔记法示例⑧—

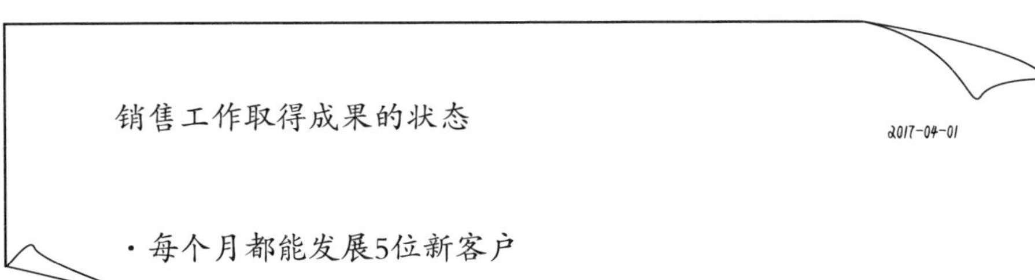

- 电话预约不再受挫，每天都能打出50通电话
- 能根据不同的客户想出推销的方法
- 不再只与秘书交流，而是能直接向社长推销
- 每个月经由老客户介绍的交易都超过3件以上

请鼓起勇气向同事们解释说明A4笔记上所写的内容。你就会发现，你做的说明越多，对此就越深信不疑。（我们的话语给自己带来了自信。）

关于“成功的状态”到底要描述得多详细，这需要依具体情况而定。

有时可以只写一行“愿望”，有时则可以写得更详细一些。不过，在我看来，最好能全部总结写到一页A4纸上，这样能够让自己一览无余。如果写成好几页，不仅会耗费我们的精力，而且也会降低我们对“取得成功”的强烈意愿。

“不痛苦的努力”和“快乐的努力”

在今后的数十年里，我们都将一直处于工作的状态，为此，必须让自己保持不断的成长。我想在本书的读者群体中，也有人会认为“即使不进步也没关系”“就这样混混日子也挺好”。但恰恰是这样的想法，会让你无法继续混下去。

等到你成为最先被裁员的对象时，就会后悔不已了。一旦让自己陷入这样的“恶性循环”，就很难再挽回事态了。所以，最好的办法就是让自己保持不断的成长。千万不要放弃自己的人生啊。（为什么保持成长会如此重要呢？）

要保持不断的成长，就离不开付出相应的努力。什么都不做，是不可能让自己收获成长的。而且，如果每一次都只是非常微小的进步，也是非常不够的。

如何才能让自己坚持不懈地付出努力呢？我这里推荐大家要学会“不痛苦的努力”和“快乐的努力”，换言之：

1.多花些精力去思考，何种“努力的状态”才是对自己来说能够坚持下去的？

2.不要做那些太勉强自己的努力，应该做快乐的努力。

3.每一次所取得的成果就是给自己最特别的奖励，所以要将成果划分得更细小一些。

4.多与能够支援和帮助我们的人交谈。

5.多结交一些会在身后支持我们的朋友。

我每次在做演讲或写书的时候，都会收到来自外部的意见，这让我能快乐地将工作坚持做下去。每个人的具体情况都是不太一样的，所以还请各位在这方面多花些精力。

尽可能多接触积极的人

毫不夸张地说，为了调节自己的身心状态，最好的“良药”就是尽自己所能多接触一些积极的人。

积极的人，能将自身的这种积极的心态传染给身边的人。不过，我们也不能仅仅关注积极的状态，也要看对方能给我们带来多少正能量。（你身边积极的人和消极的人，都是谁呢？）

别看我现在一直都保持着积极的心态，实际上，我在30多岁之前，一直都会有意识地去接触积极的人，好让自己保持元气满满的状态。

做法其实非常简单。每隔几个月就从自己的朋友中选出几个积极的人，然后分别邀请他们一起吃晚餐。就像泡温泉会使人身体变得暖和起来一样，与这些积极的人一起共度几个小时的时光，会让我的内心恢复元气。

如果你至今还从未有意识地这样做过，就请务必去尝试一下吧。这就好像“一定会中奖的彩票”一样，我们完全没有理由拒绝哦。

若用第4章中所提到的“依恋障碍”来解释的话，这些人都是完全没有“依恋障碍”的问题，从根本上拥有一个“积极”的心态。

他们从不会讽刺挖苦别人，也从不说别人的坏话，总是保持乐观开朗的姿态并以微笑示人。

实际上，这样的人也肯定会有若干烦心事，但是，在他们自己看来，这并不是什么大不了的事情。

多花些时间去和积极的人打交道是非常有益的，并且我们也要全力摆脱那些“消极”的人。

“消极”的人、会说别人坏话的人、总是攻击他人的人，无论他们怎样花言巧语，你都要意识到他们是不可能为对方着想的。这类人中就包括了会实施精神暴力的丈夫、男朋友、双亲等等。虽然，也有女性实施精神暴力的情况，但大部分还是男性。

他们本身毫无自信，而且内心的不幸感很强，因此才会去攻击身边的人，总想通过贬低他人，来彰显自己的了不起。

无论我们采取什么样的态度，都不可能令他们的态度有一丝丝的改善。实际上，这些都与我们无关，他们只是一味地抛洒内心的“恶毒”而已。

如果你的父母亲就是这样的人，那么还是尽早离开这个家吧！

如果是你的上司，你也许应该认真思考一下，是找他的上级谈一谈，还是向人事部申请调岗？抑或，只能无奈换另择一份工作呢？（“逃离”也是一个重要的候选项。）

如果你的朋友中也有这样的人，那就尽量减少与其见面的机会。如果这个人是你熟人圈子中的一个朋友，那么即便舍弃这个圈子，也要与其保持一定的距离。对你来说，如果让一个“四处撒毒”的人成为朋友，那此人还能称为自己的“好朋友”吗？

如果你交往中的男朋友或女朋友也是这种人，那就立刻与对方分手吧。

为什么要这样做呢？因为，我们不可能通过交往去改变他们，最后反而会与对方形成“共同依存”的关系。

所谓“共同依存”，就是有“如果没有我，对方就会完蛋”“如果没有我，她就活不下去”这种想法，最终导致双方结成“一边互相伤害，一边共存”的关系。

这不仅会给你的身心带来问题，最糟糕的就是会导致你产生“人格障碍”。

也许，你对对方还有依依不舍的感觉，但双方继续在一起，只会让事情变得更糟。

你是否对“主动提分手”这件事有种罪恶感呢？也许，你还在担心自己会说出很伤人的话？但是，请你千万不要落入“陷阱”之中，这样才能让你的身心慢慢变得正常起来。

在人际关系的处理中要学会说“不”，这将影响你今后数十年的人生。

保持最佳身心状态

让自己保持“最佳的身心状态”是十分必要的。这里主要说的是健康层面。

“最佳的身心状态”是因人而异的。所以，我们首先应找到最适合自己的前提条件。

以我自己为例，**每天起床的时间是最重要的**——也就是早上8点30分。哪怕只是稍稍提前到8点15分起床，我都会一整天无精打采的。（几点钟起床，才能让你头脑清醒？）

然而，在帮助流通业者实施经营改革的那段时期，每天早上从8点开始就频繁地开会。

还有，我早上都会用30分钟的时间阅读谷歌快讯推送的新闻，从而完成当天的信息搜集工作。因此，差不多从一年前开始，我一时兴起决定每天早上6点就起床。

这样的话，即使我早上8点钟要出门，也仍有两个小时的时间搜集信息、回复邮件、完成前一天晚上未做完的资料。这将给我的精神，或者全天的工作效率带来很大的影响。

既然起床的时间提前了两个小时，那么上床的时间也得随之提前，但这能让我的体力层面或精神层面都保持非常好的状态。

除此之外，每周日的晚上我都会去打网球。如果每周不做一次运动，身体就会感觉不适。不过，我真的很想利用周三或周四的傍晚，甚至整整一天的时间打网球或做瑜伽。

饮食的量也很重要。一定不要让自己暴饮暴食。这会导致体重增加，并引发血糖值的异常等一系列问题。

尽量少喝酒。由于我并不是特别喜欢喝酒，所以这对我来说完全不是什么问题。但是，那些嗜酒如命的人，请绝对不要喝过头。

朋友之间的来往或者为了工作上的应酬而进行的聚餐，也是不能忽视的活动。因此，我们都要积极地去参加。但是，喝酒是为了加深彼此之间的情感，而不是在浪费时间，更不能让自己喝得酩酊大醉。从这个意义来说，偶尔去参加聚餐后的“二次会”即可，至于“三次会”“四次会”就完全没有跟着去的必要了。（聚餐时最多参与完“二次会”就得撤。）

在我所认识的20—30岁就大获成功的群体中，有人就几乎从来不参加聚餐，而是回家去继续学习。

我个人认为适度去参加这样的活动是可以的。同时也请大家理解，不参加聚餐也绝不意味着一个人就不会成功。

有意识地“创造”良性循环

所谓“良性循环”，就是那些自己想去做的事情，都接二连三地顺风顺水，以更简单、更准确的方式做到了。而所谓的“创造良性循环”，就是指通过自己亲手打好基础，从而形成良性循环，让各项工作都能因此顺利展开，最终实现自己的愿望。

这并非一种因果关系，而是“**事先完成各种基础工作”“做工作上的急先锋”“有意识地营造顺利推进工作的环境”。其结果，就是形成了更好的一个循环。**

例如，你在工作上给某人提供了帮助，之后他为了报答你又来帮助了你，这使得你的工作能超预想地顺利推进。结果就是，我们能够给那个人提供更多的机会，之后又会获得更大的回报。

又如，因为你撰写了博客，看过你文章的媒体前来采访你，邀请你去做演讲，邀约撰写书稿，结果就是，好工作接踵而至，使你获得了更多传播信息的机会。

再如，你有意识地经营自己的人脉，遇到困难时马上就能找到可以商量的人，从而让事态有所好转。而在这个过程中，又让你收获了更强有力的人脉，等等。

一般人对良性循环的看法或者说态度，就是“不可能被勉强创造出来的”“顺其自然就好了”。

我自己原来也是这样想的，但是自某一个时刻，我开始思考“良性循环在某种程度上，也是可以有意识地去创造出来的”，基于这样的观点，我开始了各种尝试。虽然还不能说完全掌握了这种能力，但是其带来的效果还是挺显著的。所以，这方面还是有进行各种尝试的价值的。（1年后、3年后、5年后，你想变成什么样子？）

“创造良性循环”并非全靠运气，而是要通过思考，在事前就做好各种准备工作，才能得出一个接一个的成果。

与“良性循环”意思相近的还有“先下手为强”“工欲善其事，必先利其器”“早打算早准备”“只要是自己力所能及的事情就去做，因为这将给你带来回报”等表述形式。

创造良性循环主要有以下5个步骤（创造“良性循环”的5大要点）：

1.到底想要实现什么？事先决定好自己的目标。

这将是我们的出发点。一定要设定一个“能点燃心中热情”的目标，一个并非平常触手可及的目标。

例如，“一年内出版一本书”“到第5年时，能调动到新加坡分部去”等。

之前我们说过，要想让自己获得成长，可以设定较低的目标（请参考本书第183页的内容）。但是，如果你想创造良性循环，就要设定比较高的目标，这样才能给自己一种“在路上”的感觉。

2.为了便于判断目标能否实现，我们最好思考出现什么样的状况，会

让自己感到开心。

例如，突然接到出版社的书稿邀约，自然会非常开心；公司计划调动到海外工作的人员名单中，把自己的名字列为破例调动的情况等。

3.为了达成这样理想的状态，我们要思考：首先应该怎么做？

要想获得出版社的邀约，我们应该先写50多篇的博客，必须先吸引出版社的关注。如果想进入海外调动的人员名单，前提条件是要在TOEIC（托业）考试中取得850分以上的成绩，并且掌握用英语交流的能力。

4.为了实现这些目标，我们应反思：自己能做些什么？

先写出20篇博客文章，然后坚持每周更新一篇，必须在该领域成为引人注目的作者。如果想调动到海外工作，就得非常重视英语的学习，首先要做到熟练掌握日常的会话。

5.不要只追求眼前的好处或结果，应该超前别人两步去思考问题。

利用谷歌快讯提供的服务，在自己所关注的几个领域中，掌握比任何人都更加详细的信息。在学习英语时，也可以通过YouTube网站，让自己的耳朵适应英语的环境。

一旦我们创造出良性循环，那么，我们的事业也将取得极大的进步。

这样做，不仅有益于精神卫生，也能给自己带来更大的自信。

所以，请大家务必都能早他人两步开始做准备工作。

有时候只能“看开些”了

不仅仅是在学生时代，当我们步入社会以后，也会遇到很多不得不面对的坎儿。（最好别以为自己能应对一切状况。）

当这些令我们无法接受的事情发生时，只能以“看开些”的心态去接受了。

当然，我也并不是说无论发生什么，都选择“放弃”。

比如，和你同期进公司的同事，明明业绩不如你却先获得了晋升；你全力推进的一个项目，却因为高层的一个随意想法就被取消了；你交往的女朋友有了新欢，和你分手了。这些都是让你无法接受的吧？

面对这种情况，让你感觉“正义永远不会失败”的说法好像也失灵了。虽说，我们必须奋起拼搏，但也有很多时候，我们只能选择让自己“看开些”。

我推荐大家的应对方法，有以下3种（不被内心焦虑所困的应对方法）：

首先，你因为不知道何时该“看开些”，何时该“据理力争”而感到头疼时，内心就会变得无比焦虑，这种时候可以试试用“A4笔记法”。

只需要做10页笔记，就可以让思路恢复清晰。至少，能大大缓解你的焦虑，让你想出可以采取的行动，永远不被内心的焦虑所困。

其次，依然是找5—6位好朋友就这个问题一起进行讨论。

这种场合不要一开始就进行讨论。可以先一起写A4笔记，然后再进行讨论。这能让你的思路更清晰。

最后，在遇到这种情况时，也可以向“可以交流的对象”（请参考本书第88页的内容）发电子邮件请教。

综合大家的反馈，你就能知道自己该怎么做，以及怎样才能让自己平静下来。

如果你遇到了无论如何都接受不了的事情，也可以给我发邮件（akaba@b-t-partners.com）商量，哪怕只是一句“让这个世界去死吧！”也行，我会立刻给你回信的。我希望这样能让你的心情变得更好一些。

第9章　要点回顾

- □消除内心的焦虑，一直保持积极的心态，别让自己总是忧心忡忡
- □睡不着觉的时候，就写一写A4笔记
- □不要想着去控制情绪，而是想办法别让自己变得情绪化
- □要对“成功的状态”有明确的意识
- □要做那些“不痛苦的努力”和“快乐的努力”
- □尽可能多接触一些积极的人，全力摆脱那些消极的人
- □让自己保持“最佳身心状态”很重要
- □有意识地“创造”良性循环
- □有时候也只能让自己“看开些”

掌握能支撑起整个人生的自信

10

保持不断的成长

无论是谁，都能继续成长

我认为无论是谁，无论多大岁数，都仍然能够继续成长。

但是，能这样想并为之付出努力的人却少之又少。我想大家应该都是渴望成长和进步的人。可是，大多数人最终还是被现实生活打败。

虽然大家拼命地工作，可只是按部就班地完成上级交代的工作而已。不知道自己的工作方法存在哪些问题，也不知道如何才能加以改善——像这样的问题，不可能由上司来告诉我们答案。据我所知，能够在这方面自己主动下功夫去反思的人，也都是少数派。（“自己的问题”不要指望上司来告诉你。）

所以，一提到“成长”大家都只会感到无尽的苦恼。

正因为社会经验不足，大家内心虽然十分渴望成长，但仍需要有人来指导具体的做法。

保持成长的7种行为

我认为一个人要想保持成长和进步，关键就在于以下这7种行为。有些内容可能之前也提到过，这里我重新整理一下。

1.降低“令人死心”的门槛。

很多人喜欢给自己设定高目标，甚至是对自己来说过分高的一个目标。实际上，设定的目标越高，达成的可能性也就越低，在过程中很容易遭遇到挫折。与其这样，我们不如先给自己设定一个“较低的目标”，最好是那种能让人很轻松地坚持做下去的目标。

2.要做那些“不痛苦的努力”和“快乐的努力”。

要想收获成长，我们必须坚持不懈地付出努力。为此，我们应该有意识地选择那些“不痛苦的努力”和“快乐的努力”。

3.多花些精力让自己更有自信。

之前，我已经介绍过如何让自己更有自信：消除内心的焦虑，决定好的事情要实际去执行，以及多同认可我们的人来往。（关键词就是“自信”。）

4.创造良性循环。

通过有意识地创造良性循环（请参考本书第175页的内容），能让我们更好地保持成长。良性循环并非偶然出现的，也不是什么因果论，它是要靠你亲手创造出来的。那些对自己有益的事物，会接二连三地出现在面前，从而使我们获得更大的进步。

5.学会保持积极的心态。

积极的态度对于个人的成长来说是十分重要的。我们要有意识地让自己保持积极的心态，尽可能地避免让自己变得太过消极，多花些工夫让自己保持积极的心态。

选择积极还是消极，完全是由我们自己决定的，没有必要让自己一直处于消极的状态。

6.特别是要在身心状态的调节上多下功夫。

要想保持成长，就要让内心和身体都维持健康的状态。为此，我们要拥有自信，避免情绪化，规定好起床时间，坚持做运动等，这些都有益于我们调节自己的身心状态。

当这些成为生命中不可或缺的一部分时，我们就能更轻松地去面对未来的挑战。

7.学会借伙伴之力，共同成长。

最后，为了获得成长，我们不必仅凭一己之力去拼命努力，而是要学会借伙伴之力，和伙伴们一起成长。这样不仅会比较轻松，而且可以加快成长的速度，还能大大减少失败的风险。当我们没有干劲打算放弃时，如果身边朋友中的某个人仍在奋斗，就能给我们带来拼搏的动力，朋友们也都会在背后给予我们支持。所以，无论如何都不要自己一个人孤独奋斗。

关于保持成长的7种行为，我在《成长的思考》（日本经济新闻出版社）一书中有详细的阐述，有兴趣的读者可以找来看看。

同“能给予我们刺激的人”在一起

同“能给予我们刺激的人”在一起，能让我们更加轻松地保持成长和进步。

“能给予我们刺激的人”可以是我们的上司、前辈、朋友、后辈、男朋友或女朋友。

在我们身边肯定会有这样的人：他们既不会任性也不会太过强势，而且思维方式和生活方式都值得我们借鉴参考。

我们应该尽量多同这样的人在一起，这样能给我们带来很大的刺激。因为我们无须特别努力，就能从他们身上获得刺激，所以说是非常轻松的。而且，在这期间我们还能获得成长和正面的影响。（从自己的身边找出思维方式和生活方式值得我们参考的人。）

话虽这么说，如果身边没有这样的人，有的人就会选择从奥运会的运动员或者娱乐圈的艺人那里获得刺激。但是，他们与我们还是存在很大距离的，很多时候，我们不过是在心里描绘出他们理想的样子而已。如此大的距离感导致我们无法真正从他们身上获得正面影响。

因此，最好还是选择身边人。可是，倘若真的找不到这样的人，我们就可以采用变通的方法，例如：从这个人身上可以学会“乐观开朗”的心态；从那个人身上可以学习“努力奋斗”的意志；从另一个人身上可以学会“敢于挑战”的勇气；还可以从其他人身上学会“善良”的品质。

此外，这个过程本身就能培养我们观察他人的能力，刺激我们的进取心，增强我们学习消化的能力。

如果实在找不到这种人，我们最好拓展自己的社交活动圈子，直至找到“能给予我们刺激的人”。

如果你感觉自己所身处的职场或家庭环境太过糟糕，无法从任何人身上获得刺激（真有这种情况吗？我个人表示怀疑），那么就试着根据自己的兴趣爱好去参加各种社团、小组活动，抑或出于锻炼身体的目的，参加网球俱乐部或室内5人制足球队。总之，20多岁的读者朋友，请务必积极地参加这些活动。

“能给予我们刺激的人”——只要你去寻找就一定能找到。

接受他人的交流请求

接受他人的交流请求，实际上也是我们保持自我成长的关键。

我们要从对方的话中把握具体的情况，并在头脑中做出决定：是继续倾听对方的表述，还是适当地提出一些问题？或者说要给对方一点建议呢？这些都是对我们的实时判断力，以及把握问题状况并给出解决对策的能力的一番考验。

因此，千万不要害怕来自他人的交流请求。也许你会觉得自己无法给对方一些有用的建议，但这不正是我们今后努力的方向吗？

特别是，**收到来自后辈的交流请求，自己无论多忙也不要拒绝对方。**因为，这是我们获得成长的一个绝好机会。

当你进入公司工作两年后，在职场上也会有自己的后辈。即便没有，你身边也应该会有学弟学妹，或者是比你年轻的朋友等这样的人存在。他们在求职、个人生活或人际交往等方面，都会抱有无尽的烦恼。

当然，最重要的是千万不要立刻就向对方说出你的建议，而是要先“主动倾听”（请参考本书第44页的内容），一定要认真听完对方想说的话。

即使我们最后没有给出任何的建议，仅仅是“倾听”这一行为，就已经能化解对方的烦恼了哦。这一点是很重要的。

接受对方的交流请求，并不意味着就一定要给出我们的建议。倾听对方的表述也同样能帮助对方梳理思绪，大部分时候能让其自己找出问题的答案，并重新拾回挑战的勇气。为了能让对方勇于付诸实践，我们也要继续关注对方，在背后默默地支持他。这也可以说是一种“附带疗效”。

当对方不仅想让我们倾听，**同时也希望得到具体的建议时，我们要在充分了解对方立场和状况的基础上，投入更多的细心并给出一些建议。**（只是倾听对方就能使其感到安心。）

此时要注意，我们千万不要表现出高高在上的样子。即使你小心翼翼地自我掩饰，也一样会导致交流失败。当你对自己没有自信或者过于情绪化时，就会不自觉地摆出倚老卖老的姿态，这一点要严加注意。

接受他人的交流请求，就需要做到认真倾听对方，并在此基础上掌握问题的状态，然后再给出有用的建议和对策——这实际上就是非常好的一种练习。在某种意义上，也能给我们自己带来自信。

只是，有一点需要我们绝对加以注意，那就是当对方前来交流的内容，恰好是我们擅长的领域时，千万不要还没等对方说完，就马上给出建议——“啊！你最好那样做……”“你为什么不这样做呢？”

话都不让对方说完，我想任凭谁都不可能感受到“交流”的氛围吧？甚至也可能导致对方对我们的建议产生抗拒心理。另外，在我们还没有实际把握问题的本质之前就给出建议，那么很多时候所说的内容也是错误的。

对方的烦恼也许没那么简单，而我们采取简单粗暴的对待方式，很可能会伤害到对方。

可以说，“接受他人的交流请求”是我们获得成长进步的捷径。这不仅能提高我们对他人的敏感度，也能提升将来作为领导者的综合能力。

让事业更上一层楼的基本能力

◎关于英语能力。

可以说，整个世界都是靠英语联结起来的，即使是在日本工作，你的上司也有可能是外国人。除IBM、Facebook、谷歌等外资企业以外，在日产汽车、武田药业、马自达、索尼等日本企业里，这种情况也很常见，并且正呈逐渐增多的趋势。

从全世界范围来说，日本人的英语能力是最蹩脚的。日语和英语，在语言结构和发音上都有着很大的不同，在日本即使不懂英语，也不会马上遇到令人头疼的状况，所以这就让人失去了拼命学习英语的理由。

在平时的工作中没有被逼得走投无路，与此同时，即便会英语也并不意味着就一定能带来巨大的机遇。

然而，对于今后将作为社会人活跃在职场上的各位读者，我还是建议大家能在一开始就努力学习好英语，消除自己对英语的恐惧感。

如果可以的话，尽可能让自己熟练地掌握英语能力。即使做不到熟练掌握的程度，也要做到能基本上用英语工作，这在今后的时代里将大大提高你的个人价值。如果一直对英语抱有恐惧感，你会失去很多的可能性，这就太令人可惜了。（把“熟练掌握英语”作为你的一个可选项。）

你可以利用暑假的时间，去菲律宾的英语学校学习两周，提高自己的英语水平。这将大大拓展你今后的可能性。

关于“学习英语”的话题，我在《从此再也不在英语上栽跟头》（祥传出版社）一书中有详细的阐述，有兴趣的读者可以找来看看。

◎关于留学。

也许有的人从来没关注过“留学”的话题吧？但是，作为一种可选项，大家最好还是将其纳入自己的视野比较好。

当你有了“全球化”的视角后，工作的可能性也随之拓宽了。同时，你也将不再对外国或外国人有所畏惧。

我从学生时代起就从未想过留学，但是，自己的上进心还是很强的，面对各种机会，总是会毫不犹豫地去争取。

因此，当小松公司推出“职员留学制度”时，我立刻就提交了申请，并且很幸运地得到了留学的机会。

与其说是对留学的关心，倒不如说，我只是单纯地看到了获得成长的机会，从而获得了留学的资格。如果失去这次机会，就将是一种损失。不过，我迅速提交申请的结果就是能够出国去留学，然后又跳槽进入麦肯锡公司，这才有了现在的我，所以我还是要由衷感谢小松公司给予了我这次机会。

所以，大家一定要消除对英语的恐惧感，然后将留学也当作自己的一个可选项，好好思考一番。

假如你真的很想留学，我建议大家务必选择欧美或亚洲的一些顶级学府。这些学校的生源质量非常高，你可以在那里收获维系一辈子的同学情谊。这也会给你的人生拓展出更多的可能性。

我当时通过综合考量之后，选择去美国的大学深造。我想也有人会选择去欧洲工商管理学院、伦敦商学院或新加坡国立大学。

在今后几年里，印度将成为全球人口最多的国家，其经济在近几年也一直保持着每年7%的增长速度。如果你对印度和中国都很关注，我建议大家去新加坡留学，这样才能使你的视野最大化。

国外大学的水平也是千差万别的，所以，如果你给自己设定了很高的目标，就尽自己全力去申请到顶级学府去深造吧！这些学校的学生质量、师资力量、课程安排、校园设施等，都是日本的学校所无可比拟的。

◎关于资格考试。

有些人会在工作之余投入全部的精力，去参加与本职工作无直接关系的资格考试。当你工作了3—4年后，这样的选择就会让你和其他同事之间产生微妙的差异。

当然，也有例外的情况。财务部门的人会参加一级簿记考试[①]；金融规划部门的人会去参加金融技能认定考试；房地产部门的人会去参加房地产经纪资格考试——这些都是与本职工作息息相关的资格考试。

大家最好能集中精力去学习并考取这样的资格证书。

除此之外，你也可以“两耳不闻窗外事”，先全力投入自己的本职

① 类似于中国的会计从业资格证考试。——译者注

工作上。如果你感觉自己有余力，或者对工作感到厌倦，可以试着用3年或1年的时间，掌握工作中的所有业务技能。

看似无趣的工作也是有其意义的，我们用相对很短的时间就能掌握它，也就避免了浪费时间。一开始就让自己心无旁骛地去工作，成为这个领域的专家，追赶上公司里的前辈，这也是一种个人的成长和进步。在此基础之上，我们可以再去思考下一步的去向。

◎关于跳槽换工作。

在大学应届毕业生中，有三成会在3年内选择离职。即使是在两年内，也有近两成的人会离职。他们离职的理由大致如下：

· 与预想的工作相差很大，感觉工作很无趣。

· 职场上的人际关系令人头疼，而且会受到上司的责骂。

· 太多加班，却不支付相应的加班费。

· 工资比预想的要低。

如果你打算换工作，一定要想清楚“为什么？”以及“为了什么？”

现今，日本企业的终身雇佣制已经崩塌，几乎所有企业的业绩都停滞不前，之前所期待的晋升加薪也都成了泡影……我想，这些年轻人选择离职也是出于无奈吧。

在本书的读者中，说不定也有正在考虑跳槽换工作的人。由于我曾经换过好几次工作，所以早就没有很稀奇的感觉了。这里我想向各位介绍一下，跳槽时需要注意的地方：

1.如果真的认为现在所从事的工作很无趣，那么不要自己做决定，邀请4—5位朋友一起商量；

2.以“自己真正想做的是什么？”为主题，做10页左右的A4笔记。

3.拜托朋友们就笔记上的内容做一些说明。

4.至少要列出10家以上的候选跳槽单位。

5.将各个公司的名词与主要产品、主要竞争对手等输入到谷歌快讯中。

6.通过求职网站了解对方公司的口碑，也可以进行在线咨询。

7.如果有大学研究室或体育社团的学长正好就职于你打算跳槽的单位，最好向他们打听一下公司的真实情况。

8.直接向对方公司的人事部进行咨询。如果对方没有答复你，可能就有问题了。

9.尽可能与你打算跳槽的部门的上司、前辈见面聊一聊。

简单来说，你要比大学毕业时进行更加严密的前期调查工作，在得到直接认可和确认之后再决定跳槽与否。否则，你从一个糟糕的环境换到另一个更加糟糕的环境里，那可就太惨不忍睹了。

我当初决定跳槽到麦肯锡公司，就是因为感觉自己在小松公司的工作已经到了“瓶颈”期，而进入麦肯锡则能让我获得更大的成长和进步。

“细微的差距”将变成“巨大的差距”

只要你一直坚持去做上述的这些行为（比较的对象不是他人，而是“过去的自己”），就会让你同他人产生“细微的差距”，而在1年、3年或5年后，这就将演变成“巨大的差距”。

我们的目的并不是要与他人拉开差距，而是要与“过去的自己”拉开差距。

以写博客为例，每周写1篇的话，一个月就可以写4篇，一年就是50篇。像这样的话，坚持写上好几年，你就会变成不一样的自己。这可不是谁都能做到的事情。实际上，在过去的几年里我也做过这样的尝试，但都是以失败告终。直到最近，我才终于做到了坚持写作。（靠每天10分钟的不断积累，定能带来巨大的成果。）

再说一个例子，比如“A4笔记”，如果你每天写10页，一个月就可以写300页，一年就能超过3000页，这能让你的头脑变得更加清晰和冷静，不再表现得情绪化，沟通能力也将有飞跃式的长进，整个人的心态会变得更加“积极”，也自然而然地就会掌握出色的领导力。

而做到这一切，仅仅需要你“早晨起床后”和“晚上临睡前”的10分钟时间。

田径100米赛跑，无论你如何练习，成绩还是受限于每个人的身体条件。唱歌和弹钢琴的水平也取决于每个人的天赋才能。但是，普通的工作，与他人的沟通交流，领导团队的能力等，只要付出努力就能够获得惊人的变化。

所以说，每个人都有无限的可能。

你相信自己吗

你的工作是否取得了成果？你能否获得成长？你是不是变成了自己理想中的样子？——这一切都取决于你是否能相信自己。

相信自己的前提就是要有自我认同感，以及基于此的自信心。有了这些，你就能不断进步并获得很大的成就感，而这又会让你变得更加自信。

加深对“依恋障碍”（请参考本书第80页的内容）的了解，找到值得信赖的“安全基地”，也可以反过来，让自己成为他人的“安全基地”，和伙伴一起过上充实的社会人生活——我想这是大家都能做到的。

不要去伤害他人，也不要让自己被他人所伤，大家都以“积极”的心态大步向前迈进吧。

这一切都源于你的“自信”，而且也将对你今后的工作，甚至对你的人生带来巨大的影响。

第10章　要点回顾

□理解并相信任何人、任何岁数都能继续成长

□要同“能给予我们刺激的人”在一起

□接受来自他人的交流请求，这也能让自己获得成长

□要想事业更上一层楼，就要在英语能力、留学、资格考试、跳槽换工作等方面多留意

□几年的时间就能让“细微的差距”变成“巨大的差距”

□你能不能相信自己呢？

后记

非常感谢各位读者能将本书看完。

我以这种方式，将“入职3年内”必须做的事情总结成了一本书的内容。实际上，你在现阶段的所作所为和工作态度，将会决定你今后的几十年里是过上充实快乐的生活并对社会做出贡献，还是会一直向后看，以“消极”的心态过着充满不平和不满的人生！

本书中的内容对于职场人士来说都是十分重要的。无论你是入职不满3年的人，还是刚刚跳槽换了工作的人，以及工作已经超过3年的人，都是可以借鉴参考的。所以，请大家在看完后，务必都去尝试一下书中的内容。

还有，如果你是一名30—40岁的上司，你的部下中有刚入职不满3年的人，也请务必读一读本书的内容。

也许你已经在职场上非常游刃有余了，却可能忘记了一些需要注意的基本事项，而这些内容对于新员工来说又是十分重要的。所以，在你成为别人的上司时，也应该重新复习一下这些内容。

“做学生”和“做社会人”之间有着巨大的差异。

也许，这就是很多人拖延偿付债务、频繁跳槽的原因所在吧。其实，我们可以有方法让自己在没有压力的前提下，适应职场的生活。只是，没有一个前辈或上司，能够将这些内容系统性地教给我们。虽说也可以自学成才，但恐怕很少有人会有这方面的意识。

如果是这样的话，可就太遗憾了。所以，请大家务必和自己的伙伴一起，实践本书中所介绍的内容。作为笔者，我将感到由衷地欣慰。

***

如果您在阅读本书的过程中，有任何的感想或疑问，请与我联系（akaba@b-t-partners.com），我会第一时间回复您。即使是作为新员工想与我聊聊心路历程，大部分时候我也会立刻回复邮件的。

此外，我在Facebook网站上建立了读者交流讨论组，请用关键词“入社3年塾”进行搜索，马上就能看到。

讨论组里的交流非常活跃，也请您务必能参与其中哦。

索引

能做的事情、想做的事情、想学会的事情。

① 原书中是按照日语五十音假名来排序的，这里是根据词语对应的中文意思加之内文翻译罗列出的。——译者注